高等职业教育规划教材

电工与电子技术

第二版

陈湘 等编著

化学工业出版社

·北京·

《电工与电子技术》(第二版) 是根据教育部《关于全面提高高等职业教育教学质量的若干意见》精神和《高职高专教育专业人才培养目标及规格》要求编写，内容包括直流电路、正弦交流电路、变压器、电动机、电动机的基本控制电路、二极管与简单直流电源、三极管与基本放大电路、数字电路、安全用电与节约用电九个模块，每个模块都有明确的知识目标、技能目标、应用目标及讨论练习环节。通过扫描教材中的二维码，可以浏览相关课程资源。

本书可作为高职高专机电类相关专业电工与电子技术课程的教学用书，也可供相关技术人员参考。

图书在版编目（CIP）数据

电工与电子技术/陈湘等编著. —2版. —北京：化学工业出版社，2020.6（2024.3重印）
高等职业教育规划教材
ISBN 978-7-122-36382-4

Ⅰ.①电… Ⅱ.①陈… Ⅲ.①电工技术-高等职业教育-教材②电子技术-高等职业教育-教材　Ⅳ.①TM ②TN

中国版本图书馆CIP数据核字（2020）第040486号

责任编辑：旷英姿　　　　　　　　　　　　装帧设计：史利平
责任校对：王佳伟

出版发行：化学工业出版社（北京市东城区青年湖南街13号　邮政编码100011）
印　　装：大厂聚鑫印刷有限责任公司
787mm×1092mm　1/16　印张14　字数357千字　2024年3月北京第2版第4次印刷

购书咨询：010-64518888　　　售后服务：010-64518899
网　　址：http://www.cip.com.cn
凡购买本书，如有缺损质量问题，本社销售中心负责调换。

定　　价：39.00元　　　　　　　　　　　　　　　　　　　版权所有　违者必究

前言

时光荏苒，转瞬间，《电工与电子技术》已经出版发行十余年。当初，编者在基于职业岗位能力培养的课程教学改革中，发现相关教材缺乏，于是申报并立项湖南省"十一五"规划课题，探究具有高职特色的《电工与电子技术》教材编写方法，并着手组织相关人员编写，感谢化学工业出版社，让我得偿所愿。教材出版后，受到广大师生的普遍肯定。

如今，智能手机已经普及，二维码随处可见，"如何将纸质教材与多媒体资源有效结合？""如何给学生提供更多的学习资源？"成为教学中遇到的新问题。为此，编者者在主持湖南省"十三五"规划课题"基于二维码的高职《电工与电子技术》立体教材研究与实践"（课题编号：XJK17CZY071）基础上，依据实践成果，对第一版教材进行了修订，重点修订的内容如下。

1. 完善以图片等多媒体资源为主的教学课件，辅助学生更好地理解教学内容。

2. 完成习题解答，给学生提供参考。

3. 将部分学习任务的相关课程资源二维码置于该任务的首页，将每个学习模块的习题解答二维码置于该模块的最后，方便学生使用手机扫描浏览。

除此之外，本版教材还对部分内容进行了修改。一是尽量体现新技术、新设备，例如用数字万用表内容取代原来的指针式万用表，用新型节能灯取代原来的白炽灯。二是更注重内容的逻辑性和延续性，比如将复杂电路的一部分作为简单电路的案例，统一电流计算电路与电功率计算电路，在三相异步电动机正反转部分增加了自动往返控制电路。三是更换了大量的图片，使之与文字更贴切、更美观。四是对部分文字进行了修改，使表达更清晰、更准确。

本书的修订主要由湖南铁路科技职业技术学院陈湘完成，湖南铁路科技职业技术学院张谦老师给予了很多宝贵且具体的建议，并且亲自修改室内电气照明电路、撰写三相异步电动机自动往返控制电路等内容。微课视频由湖南铁路科技职业技术学院卢珊（模块一、模块六）、刘贤群（模块二、模块七）、吉天平（模块三～模块五）完成。

由于编者能力有限，时间仓促，教材难免仍有疏漏和不足，恳请广大读者批评指正。

编著者
2020 年 4 月

第一版前言

电工与电子技术是高职高专机电类相关专业的一门专业基础课程。本教材根据教育部《关于全面提高高等职业教育教学质量的若干意见》精神和《高职高专教育专业人才培养目标及规格》要求编写，是湖南省"十一五"规划课题"基于职业岗位工作流程的高职院校实践类教材改革与创新研究"（课题编号：XJK08CZC055）的研究成果之一。

这本《电工与电子技术》教材在理论体系、教材内容和表达方式等方面做了大胆的改革，"夯实基本理论，着重能力培养，突出高职特色"是本教材编写的基本思想，具体特色如下。

1. 通过分析相关职业岗位能力要求确定模块。

2. 以具体任务驱动的方式组织内容。

3. 每一个教学任务都有明确的知识目标、技能目标和应用目标，设计了相应的讨论、思考、操作、练习等环节，以巩固或检验所学知识。

4. 通过大量图片、实物照片，生动、形象地表达教学内容。

5. 吸收最新知识、技术、设备、方法，使教材具有鲜明的时代特征。

本书的编写贯彻理论实践一体化的思想，以"应用"为主线，通过"应用"引出相关知识，通过"应用"训练学生的技能，通过"应用"检验学生的学习效果。如果条件许可，课程教学安排在实验室或实训室进行效果会更好。

本书由湖南铁路科技职业技术学院陈湘、常州工程职业技术学院赵明和湖南化工职业技术学院欧阳广编著。具体编写分工是：赵明编写模块七和模块八，欧阳广编写模块九，其余模块由陈湘编写并统稿。本书配套有相关电子教学资料，内容包括教学课件、课程习题集、习题答案、图片库、教学参考方案、维修电子职业资格标准等。

由于水平有限，编写时间仓促，加上教材的很多内容都是一种新的尝试，书中的不足在所难免，恳请广大读者批评指正。

编著者
2009 年 2 月

目录

◎ **模块一 直流电路** …… 1

  任务一 认识直流电路 …… 1
    1. 电路的作用 …… 1
    2. 电路的组成 …… 2
    3. 电路模型 …… 3

  任务二 熟悉直流电源 …… 4
    1. 直流电源的应用 …… 5
    2. 直流电源的类型 …… 5
    3. 直流电源的测量及特性的测定 …… 6

  任务三 熟悉直流电路中的负载 …… 7
    1. 负载的类型及作用 …… 7
    2. 电阻负载的特点 …… 8
    3. 通过测量电阻检查电路故障 …… 9

  任务四 连接电路 …… 12
    1. 串联电路 …… 12
    2. 并联电路 …… 14

  任务五 熟悉直流电路的基本定律 …… 17
    1. 参考方向 …… 17
    2. 直流电路的定律 …… 19

  任务六 计算电流 …… 23
    1. 计算简单电路的电流 …… 23
    2. 计算复杂电路的电流 …… 24

  任务七 计算电功率和电能 …… 28
    1. 计算电功率 …… 29
    2. 测量电功率 …… 29
    3. 计算电能 …… 30

◎ **模块二 正弦交流电路** …… 32

  任务一 认识交流电 …… 32

1. 交流电路 …………………………………………………………………… 32
　　2. 表示交流电的物理量 …………………………………………………… 33
　　3. 正弦交流量的相量表示法 ……………………………………………… 35
　任务二　熟悉交流电路中的电源 ……………………………………………… 36
　　1. 三相电源 ………………………………………………………………… 36
　　2. 单相正弦交流电源 ……………………………………………………… 37
　任务三　了解交流电路中的负载 ……………………………………………… 38
　　1. 电阻元件 ………………………………………………………………… 39
　　2. 电感元件 ………………………………………………………………… 39
　　3. 电容元件 ………………………………………………………………… 41
　任务四　分析、计算单相正弦交流电路 ……………………………………… 44
　　1. 分析、计算串联电路 …………………………………………………… 45
　　2. 分析、计算并联电路 …………………………………………………… 48
　任务五　计算电功率 …………………………………………………………… 51
　　1. 瞬时功率 ………………………………………………………………… 51
　　2. 有功功率 ………………………………………………………………… 51
　　3. 无功功率 ………………………………………………………………… 52
　　4. 视在功率 ………………………………………………………………… 52
　　5. 功率因数及其意义 ……………………………………………………… 52
　任务六　了解实用正弦交流电路 ……………………………………………… 54
　　1. 室内电气照明电路 ……………………………………………………… 54
　　2. 日光灯电路 ……………………………………………………………… 56
　　3. 电热毯电路 ……………………………………………………………… 57
　　4. 电饭煲电路 ……………………………………………………………… 58
　任务七　计算三相正弦交流电路 ……………………………………………… 59
　　1. 计算对称三相正弦交流电路 …………………………………………… 59
　　2. 计算不对称三相正弦交流电路 ………………………………………… 62
　　3. 计算、测量三相电功率 ………………………………………………… 63

◎ 模块三　变压器

　任务一　了解变压器 …………………………………………………………… 67
　　1. 变压器的应用 …………………………………………………………… 67
　　2. 变压器的基本结构 ……………………………………………………… 69
　任务二　熟悉变压器 …………………………………………………………… 70
　　1. 变压器的基本工作原理 ………………………………………………… 71
　　2. 变压器的运行特性 ……………………………………………………… 73
　任务三　应用变压器 …………………………………………………………… 74

1. 电力变压器 …………………………… 75
　　2. 小功率电源变压器 …………………… 75
　　3. 多绕组变压器 ………………………… 76
　　4. 互感器 ………………………………… 76
　　5. 自耦变压器 …………………………… 78
　任务四　检测变压器 …………………………… 80
　　1. 变压器使用前的检测 ………………… 80
　　2. 小型变压器的简单故障检测 ………… 82

◎ 模块四　电动机　　　　　　　　　84

　任务一　认识三相异步电动机 ………………… 84
　　1. 三相异步电动机的应用 ……………… 84
　　2. 三相异步电动机的结构 ……………… 85
　任务二　掌握三相异步电动机的工作原理 …… 88
　　1. 旋转磁场 ……………………………… 88
　　2. 三相异步电动机的旋转原理 ………… 89
　任务三　了解三相异步电动机的工作特性 …… 91
　　1. 转速特性 ……………………………… 91
　　2. 转矩特性 ……………………………… 92
　　3. 定子电流特性 ………………………… 93
　　4. 功率因数特性 ………………………… 93
　　5. 效率特性 ……………………………… 93
　任务四　了解单相异步电动机 ………………… 94
　　1. 单相异步电动机的用途 ……………… 94
　　2. 单相异步电动机的结构 ……………… 95
　　3. 单相异步电动机的工作原理 ………… 95
　　4. 单相异步电动机的维护 ……………… 97
　任务五　了解直流电动机 ……………………… 98
　　1. 直流电动机的应用 …………………… 98
　　2. 直流电动机的结构 …………………… 99
　　3. 直流电动机的工作原理 ……………… 101
　　4. 直流电动机的励磁方式 ……………… 102
　　5. 直流电动机的电压方程及调速 ……… 103
　任务六　了解特殊电动机 ……………………… 105
　　1. 同步电动机 …………………………… 105
　　2. 直线电动机 …………………………… 106
　　3. 伺服电动机 …………………………… 107

4. 步进电动机 ………………………………………………………………… 109

◎ **模块五　电动机的基本控制电路**　　112

任务一　熟悉常用电气控制设备 ………………………………………………… 112
　　1. 开关 …………………………………………………………………………… 113
　　2. 按钮 …………………………………………………………………………… 114
　　3. 接触器 ………………………………………………………………………… 116
　　4. 熔断器 ………………………………………………………………………… 116
　　5. 热继电器 ……………………………………………………………………… 117
任务二　掌握三相异步电动机的启动及控制电路 ……………………………… 118
　　1. 直接启动及控制电路 ………………………………………………………… 118
　　2. Y-△（星-三角）降压启动及控制电路 …………………………………… 119
任务三　掌握三相异步电动机的反转及控制电路 ……………………………… 122
　　1. 三相异步电动机反转的方法 ………………………………………………… 122
　　2. 三相异步电动机的正反转控制电路 ………………………………………… 123
任务四　掌握三相异步电动机的调速及其控制 ………………………………… 125
　　1. 三相异步电动机调速的方法及特点 ………………………………………… 125
　　2. 三相异步电动机的调速控制电路 …………………………………………… 126
任务五　掌握三相异步电动机的制动及控制电路 ……………………………… 129
　　1. 反接制动 ……………………………………………………………………… 130
　　2. 能耗制动 ……………………………………………………………………… 130
任务六　了解车床及其控制电路 ………………………………………………… 132
　　1. 车床结构及其控制要求 ……………………………………………………… 132
　　2. C650 卧式车床的控制电路分析 …………………………………………… 133

◎ **模块六　二极管与简单直流电源**　　136

任务一　熟悉二极管 ……………………………………………………………… 136
　　1. 认识二极管 …………………………………………………………………… 136
　　2. 了解二极管 …………………………………………………………………… 138
　　3. 测试二极管 …………………………………………………………………… 139
任务二　应用二极管 ……………………………………………………………… 140
　　1. 整流二极管与整流电路 ……………………………………………………… 140
　　2. 稳压二极管与稳压电路 ……………………………………………………… 141
　　3. 发光二极管及应用 …………………………………………………………… 142
　　4. 光电二极管及应用 …………………………………………………………… 142
任务三　掌握简单直流电源 ……………………………………………………… 143

1. 简单直流电源的基本结构 …… 144
2. 简单直流电源的工作原理 …… 144

◎ 模块七 三极管与基本放大电路   150

任务一 熟悉三极管 …… 150
1. 认识三极管 …… 150
2. 了解三极管 …… 151
3. 测试三极管 …… 154

任务二 熟悉单管共射基本放大电路 …… 156
1. 了解基本放大电路 …… 157
2. 分析基本放大电路 …… 158
3. 计算基本放大电路 …… 159

任务三 了解功率放大器 …… 162
1. 基本功率放大器 …… 163
2. 集成功率放大器 …… 166

任务四 了解集成运算放大器 …… 168
1. 认识集成运算放大器 …… 168
2. 应用集成运算放大器 …… 170

◎ 模块八 数字电路   174

任务一 认识数字电路 …… 174
1. 数字电路应用实例 …… 174
2. 数字电路的特点与发展方向 …… 175
3. 数字信号与数字电路 …… 176

任务二 熟悉基本门电路 …… 177
1. "与"逻辑与"与"门 …… 178
2. "或"逻辑与"或"门 …… 179
3. "非"逻辑与"非"门 …… 179
4. 复合逻辑门 …… 180

任务三 熟悉组合逻辑电路 …… 182
1. 认识组合逻辑电路 …… 182
2. 分析组合逻辑电路 …… 182

任务四 应用组合逻辑电路 …… 184
1. 译码器 …… 185
2. 编码器 …… 186
3. 加法器 …… 187

任务五　了解时序逻辑电路 …………………………………………………… 188
　　　1. 认识时序逻辑电路 ……………………………………………………… 189
　　　2. 分析时序逻辑电路 ……………………………………………………… 189
　　任务六　应用时序逻辑电路 …………………………………………………… 191
　　　1. 计数器 …………………………………………………………………… 192
　　　2. 寄存器 …………………………………………………………………… 193
　　任务七　了解 555 定时器 ……………………………………………………… 195
　　　1. 认识 555 定时器 ………………………………………………………… 195
　　　2. 应用 555 定时器 ………………………………………………………… 197

◎ 模块九　安全用电与节约用电　　　　　　　　　　　　　　　　　　　201

　　任务一　熟悉安全用电常识 …………………………………………………… 201
　　　1. 人体触电类型 …………………………………………………………… 201
　　　2. 常见触电原因 …………………………………………………………… 202
　　　3. 安全用电常识和急救知识 ……………………………………………… 203
　　任务二　熟悉防止触电的保护措施 …………………………………………… 204
　　　1. 保护接地 ………………………………………………………………… 205
　　　2. 保护接零 ………………………………………………………………… 205
　　　3. 漏电保护设备 …………………………………………………………… 206
　　任务三　熟悉节约用电常识 …………………………………………………… 207
　　　1. 节约用电的途径 ………………………………………………………… 207
　　　2. 节约用电新技术 ………………………………………………………… 208

◎ 参考文献　　　　　　　　　　　　　　　　　　　　　　　　　　　　213

模块一 直流电路

任务一 认识直流电路

扫一扫

知识目标 ▶▶

★ 熟悉直流电路的基本组成,清楚各元件在电路中的作用。
★ 了解电路模型及其意义。

技能目标 ▶▶

★ 画出简单直流电路的电路模型。

应用目标 ▶▶

★ 熟悉日常生活中常见直流电路的作用与组成。

实际应用中,有很多电器和设备使用直流电源,它们的电路都可以看作直流电路。

电筒是一种经济、实用的照明设备,其电路结构简单,是非常典型的直流电路。传统电筒的发光元件是小电珠,目前使用较多的发光元件是LED发光二极管,如图1-1(a)所示。

移动电话是现代人最重要的通信设备,一般由电池供电,其内部的供电电路就是直流电路,如图1-1(b)所示。

以车载蓄电池提供动力能源,以牵引电机作为原动机的电力机车,具有环保和低能耗的特点,其供电电路也是直流电路,如图1-1(c)所示。

1. 电路的作用

电路的基本作用主要有两类,一类是进行电能的传输、分配和转换;另一类是实现电信号的传输和处理。

(1) 进行电能的传输、分配和转换

电能的传输、分配和转换过程如图1-2所示。发电厂的发电机组将其他形式的能量(包括风能、热能、水能、原子能等)转换成电能,通过变压器升压,由高压输电线路输送给地区或单位的变电、配电装置,然后送到各企业、单位和千家万户,用电设备又把电能转换成

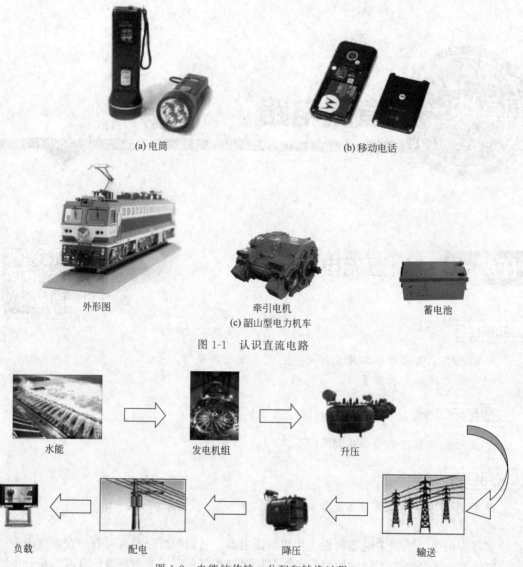

(a) 电筒　　(b) 移动电话

外形图　　牵引电机　　蓄电池
(c) 韶山型电力机车

图 1-1　认识直流电路

水能 ⇒ 发电机组 ⇒ 升压 ⇒ 输送 ← 降压 ← 配电 ← 负载

图 1-2　电能的传输、分配和转换过程

机械能、光能、热能等，为生产、生活服务。

（2）实现电信号的传输和处理

声音、图像、温度、压力等各种非电信号可以通过设备、装置变换成电信号，然后进行传输和处理。扩音机、电视机就是电信号传输和处理的典型应用，电视机的电路框图如图 1-3 所示。话筒将声波信号转换为语音电信号，经放大并滤除干扰信号后传递给扬声器，还原出声音。电视接收天线接收载有声音、图像信息的电磁波，通过电路对输入的电磁波信号进行变换和处理，形成相应的电信号，送到扬声器和显像管，还原出声音、图像。

2. 电路的组成

一个完整的电路通常由电源、负载和中间环节三部分组成。

电源是电路中提供能源的设备，可将化学能、机械能等非电能源转换成电能，如蓄电池、干电池、发电机等。负载是电路中的用电设备，它消耗电能，转换成其他形式的能量，

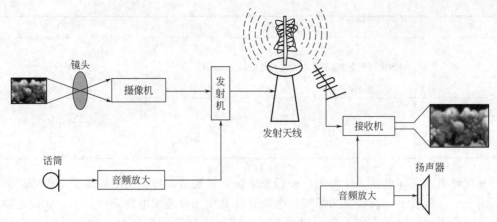

图 1-3 电视机的电路框图

如电灯、电炉、电动机、电脑等。中间环节是对电路进行连接、保护、测量的设备，主要有连接导线、控制电器（如开关、插座等）、保护电器（如熔断器等）、测量仪表（如电能表、电压表等）。

图 1-4 为手电筒电路，各部件的功能如表 1-1 所示。

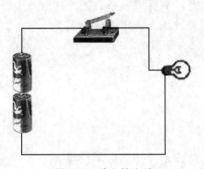

图 1-4 手电筒电路

表 1-1 手电筒各部件的功能

部件名称	功　　能
电池	作电源，为电路提供能源，使白炽灯发光
白炽灯	作负载，是电路中的用电设备，将电能转换成光能
开关	作中间环节，控制白炽灯的亮和灭
连接导体	作中间环节，用于连接白炽灯和电源

3. 电路模型

为了便于对实际电路进行分析，将实际电路元器件理想化或模型化，由一些理想电路元件用理想导线连接而成的电路称为电路模型，它能够近似地反映实际电路的电气特性。常用理想电路元件如表 1-2 所示。

表 1-2 常用理想电路元件

名称	电气特性	电路模型
电阻	消耗电能转换成热能的元件	R
电感	消耗电能转换成磁场能量储存的元件	L
电容	消耗电能转换成电场能量储存的元件	C

续表

名称	电气特性	电路模型
电压源	输出电压恒定,输出电流由它和负载决定的元件	U_s
电流源	输出电流恒定,两端电压由它和负载决定的元件	I_s

　　有些简单的实际电路元件可用一种理想电路元件表示,如:发热导线、电炉等耗能元件可以用一个电阻表示;有些复杂的实际电路元件需用几种理想电路元件表示,如:电动机和变压器的线圈用电阻和电感的串联组合表示,实际电压源用理想电压源与电阻串联组合表示;有些元件或设备在不同的情况下,其电路模型也会不同。如:干电池在理想情况下可以用电压源表示,但在实际应用中,通常用电压源和电阻的串联电路模型表示。

议一议

- 手电筒的电珠为什么能够发光?要使手电筒的电珠发光,需要哪些条件?
- 实际应用中的电路千差万别,其基本组成却有一些相似的地方,请举例说明。

想一想

- 什么是电路模型?它有什么意义?

练一练

- 画出电池、直流发电机、白炽灯、日光灯、电炉、电动机、开关的电路模型。

任务二　熟悉直流电源

扫一扫

知识目标

★ 了解常见直流电源的应用特点。
★ 了解电源外特性及其意义。

技能目标

★ 通过万用表测量直流电源的电压,判断直流电源性能的好坏。

应用目标

★ 日常生活中,合理选择并正确使用直流电源。

1. 直流电源的应用

直流发电机将机械能转换成电能，产生直流电源，满足直流电动机、电解、电镀、电冶炼、充电等设备或生产过程的需要，具有使用方便、运行可靠的特点。

直流稳压电源将电网的交流电转换成直流电，经济适用，广泛用于手提电脑、移动电话、实验装置等设备。

电池将存储的化学能转换成电能，是最常见的直流电源。根据其可逆性，电池分为一次电池和二次电池。

一次电池只能将化学能变成电能，不可逆，目前常用的有锌锰电池、锌银扣式电池。锌锰电池用于收音机、手电筒等间歇式放电场合，工作电压约 1.5V；锌银扣式电池体积小，放电电压平稳，被广泛用于电子表、石英钟、计算机 CMOS 电池中。

二次电池既可以将化学能转换成电能，也可以将电能转换成化学能，常用的有铅酸蓄电池、氢镍电池。铅酸蓄电池单体工作电压为 2V，可多个串联使用，以提高供电电压，常用于报警系统、应急照明系统等场合；氢镍电池使用寿命长，可达 10 年，但成本较高，手提电脑的电池一般属于这种类型。

锂电池作为一种新型电池，既可做成一次电池，也可制成二次电池，性能非常优异。单个锂电池的电压一般为 3.7V，价格较高，基本上"专款专用"，特别适于用作心脏起搏器电源，也可作为高性能的手机电池、手提电脑电池。

2. 直流电源的类型

电源是将其他形式的能量转换为电能的元件或装置，常用的电源一般为电压源。直流电源指大小和方向都不随时间改变的电源。直流电源主要有三种类型：直流发电机、直流稳压电源和电池，如图 1-5 所示。

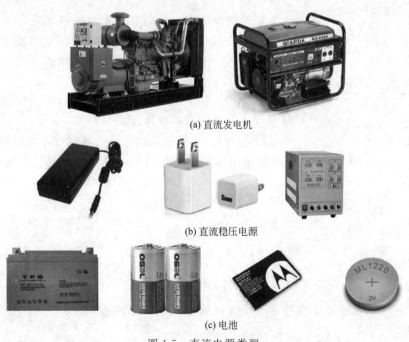

(a) 直流发电机

(b) 直流稳压电源

(c) 电池

图 1-5　直流电源类型

3. 直流电源的测量及特性的测定

测量前，将黑表笔插入 COM 插孔，红表笔插入 V/Ω 插孔；将功能开关置于直流电压挡 V-量程范围，如果不清楚被测电压数值，应选择最大量程，如图 1-6 所示。

测量时，将测试表笔连接到待测电源两端，保持接触稳定。直接从显示屏上读取测量值。若显示为"1."，则表明量程太小，需要加大量程。若在数值左边出现"−"，则表明表笔极性与实际电源极性相反，此时红表笔接的是负极。

将电源与负载进行连接，闭合开关，再一次测量电源两端的电压，其大小为 U，如图 1-7 所示。

图 1-6 直流电源电压的测量

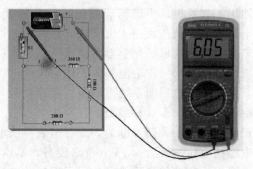

图 1-7 电源两端电压的测量

比较电动势 E 和端电压 U 的大小，会发现 $U < E$，即电源的端电压值小于其电动势的值。这是由于电源的内部有一定的电阻，电源使用时内电阻中有电流通过，将消耗一定的电能，因此，实际输出的端电压就减小了。

更换电路中的白炽灯，使负载消耗的功率变化，电路中电流的大小将改变，测得电源的端电压也将发生变化。端电压 U 随电路中电流 I 变化的规律称为电源的外特性，曲线如图 1-8 所示。

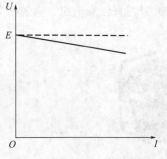

图 1-8 电源的外特性曲线

电源实际输出电压 $U = E - R_0 I$，内阻 R_0 越小，外特性越平坦，电源的质量也越好。

【**例 1-1**】 一个电池没有接入电路时，测得两端的电压为 9.2V，接在电流为 0.8A 的电路中测得电池两端的电压为 8.8V，试计算该电池的内电阻。

解 因为 $U = E - R_0 I$

所以 $R_0 = \dfrac{E - U}{I} = \dfrac{9.2 - 8.8}{0.8} = 0.5(\Omega)$

做一做

◆ 观察生活中的直流电源，说出它们的名称及应用特点。

◆ 用万用表或电压表测量普通干电池、充电电池、铅酸蓄电池、手机中锂电池的电压大小。

◆ 查阅资料，了解锌锰电池、锌银扣式电池、铅酸蓄电池、氢镍电池、锂电池的使用注意事项。

想一想

◆ 新买来一节普通5号干电池，用万用表测量两端的电压为1.6V，但接在电路中再进行测量，两端电压只有1.5V，这是什么原因呢？

练一练

◆ 某电池未接负载时，测得其电压值为1.5V，接上一个5Ω的小灯泡后，测得电流为250mA，计算该电池的电动势E和内电阻R_0。

◆ 一个4.2V的电池，内电阻$R_0=0.2Ω$，接在$I=1.5A$的电路中，计算该电池工作时两端的电压。

任务三 熟悉直流电路中的负载

扫一扫

知识目标 ▶▶

★ 掌握直流电路中负载的类型及特点。
★ 熟悉欧姆定律。
★ 会计算长直导线的电阻。
★ 熟悉电路的三种状态与特点。

技能目标 ▶▶

★ 会使用万用表测量电阻。
★ 会应用伏安法精确测量电阻。

应用目标 ▶▶

★ 正确判断电路的工作状态。
★ 通过测量电阻，简单查找电路的故障。

1. 负载的类型及作用

电路中的负载有电阻、电感和电容三种类型。

电阻在电路中总是消耗电能，进行能量转换，如白炽灯工作时消耗电能，转换为光能；电炉消耗电能，转换为热能。

电感和电容不消耗电能，它们在电路中吸收电能，转换成其他形式的能量储存起来。电感吸收电能，以磁场能量的形式储存；电容吸收电能，以电场能量的形式储存。

直流电路中的负载主要是电阻，电感在直流电路中相当于短路，电容在直流电路中相当于开路。

有的设备或元件在不同的工作场合起着不同的作用，如手机的充电电池，在手机工作时，起电源的作用，充电电池向电路提供电能；但充电电池和充电器连接时，起负载的作用，充电电池将从电源吸收电能，转换成化学能储存起来。

2. 电阻负载的特点

构成电阻负载的材料主要是导体，而且大多是金属导体。导体的端电压 U 和流过该导体电流 I 的比值称为该导体的电阻。

$$R = \frac{U}{I} \tag{1-1}$$

对于直导线，其电阻值 R（单位为 Ω）与其长度 l（单位为 m）成正比，与其横截面积 S（单位为 mm²）成反比，并与导体材料的电阻率 ρ 有关系，即

$$R = \rho \frac{l}{S} \tag{1-2}$$

在常用的导电材料中，银、铜、铝的电阻率比较小，对电流的阻碍作用也小，用于制作导线和各种导电元件，也可用于绕制电机、变压器、电器的线圈。银由于价格较贵，只在有特殊要求的场合使用，如制作半导体器件的引线、电器的触点等。

表 1-3 示出的是八种常用导电材料的电阻率和温度系数。

表 1-3　八种常用导电材料的电阻率和温度系数

材料名称	电阻率 ρ(20℃) /(Ω·mm²·m⁻¹)	电阻温度系数 α (0~10℃)/℃⁻¹	材料名称	电阻率 ρ(20℃) /(Ω·mm²·m⁻¹)	电阻温度系数 α (0~10℃)/℃⁻¹
银	0.0165	0.0036	铜	0.0169	0.00393
铝	0.0288	0.004	铂	0.106	0.00398
钨	0.055	0.005	康铜	0.44	0.000005
镍铬铁合金	1.12	0.00013	碳	10	−0.00005

【例 1-2】用漆包铜线绕制的线圈，直径 12mm，共绕 2000 匝，漆包铜线直径 0.16mm，求此线圈的电阻。

解　$l = \pi d = 3.14 \times 12 \times 10^{-3} \times 2000 \approx 75$（m）

$$S = \pi r^2 = 3.14 \times \left(\frac{0.16}{2}\right)^2 \approx 0.02 \text{（mm}^2\text{）}$$

$$R = \rho \frac{l}{S} = 0.0169 \times \frac{75}{0.02} = 63.375 \text{（Ω）}$$

镍铬合金和铁铬合金的电阻率较高，具有长期承受高温的能力，常用于制造各种电热元件，如电炉、电熨斗、电热水器等设备的发热电阻丝。

实际上，导体的电阻除与材料的性质、几何尺寸有关以外，还与温度有关。设 R_2、R_1 分别为 t_2、t_1 温度下的导体电阻值，α 为温度系数，有

$$R_2 = R_1[1 + \alpha(t_2 - t_1)] \tag{1-3}$$

常用的导体中，康铜和锰铜的温度系数小，其电阻值基本不随温度变化，常用于制作标准电阻、滑线变阻器等。

金属铂和铜具有较大的温度系数，性能稳定，常用于制作电阻温度计，测量电动机、变压器内部温度的变化。

另外，还有一些用半导体材料制成的特殊电阻，如热敏电阻、压敏电阻和光敏电阻等，它们的电阻值对温度、压力和光照的变化特别敏感，被广泛应用于工程技术领域。

【例 1-3】某直流电路长 200m，当通过 20A 的电流时，要求线路上引起的电压降不超

过 30V，若输电线为铜导线，试计算导线直径最小值。

解 输电线电阻

$$R = \frac{U}{I} = \frac{30}{20} = 1.5 \ (\Omega)$$

由

$$R = \rho \frac{l}{S}$$

得

$$S = \rho \frac{l}{R} = 1.69 \times 10^{-8} \times \frac{200}{1.5} = 2.25 \times 10^{-6} = 2.25 \ (\text{mm}^2)$$

又

$$S = \frac{\pi d^2}{4}$$

所以

$$d = \sqrt{\frac{4S}{\pi}} = \sqrt{\frac{4 \times 2.25}{3.14}} = 1.69 \ (\text{mm})$$

根据计算结果，再查阅有关电工手册上导线的规格，可选出合适导线。

【例 1-4】 电动机在制造完毕或修复后需要进行温升试验。现有一台 2.5kW 的直流电动机，电枢绕组用铜线绕制，温度 20℃时测得电阻值为 0.4Ω，运行一段时间后，测得电阻值为 0.5Ω，试计算此时电动机绕组的温度。

解 已知 $t_1 = 20℃$，$R_1 = 0.4\Omega$，$R_2 = 0.5\Omega$，铜的电阻温度系数为 $\alpha = 0.00393℃^{-1}$，

则：$t_2 = \dfrac{R_2 - R_1}{\alpha R_1} + t_1 = \dfrac{0.5 - 0.4}{0.00393 \times 0.4} + 20 \approx 83.6 \ (℃)$

3. 通过测量电阻检查电路故障

（1）测量电阻

测量电阻必须在电路不带电的情况下进行。常用的测量仪表有欧姆表、兆欧表和万用表。兆欧表通常用于测量设备的绝缘电阻；精确测量电阻可用电阻电桥，也可根据欧姆定律，通过测量电阻上的电压和电流来间接测量（称伏安法测电阻）。工程中常用万用表测量电路或元件的电阻值，以此判断电路的工作状态和电路元件的好坏，数字式万用表测量电阻的方法如图 1-9 所示。

测量前，将黑表笔插入 COM 插孔，红表笔插入 V/Ω 插孔；将功能开关置于电阻挡量程范围；将两根表笔分别接触被测电阻（或电路）两端，查看读数，确认测量单位（Ω、KΩ 或 MΩ）。如果屏幕显示为"1."或"OL"，表明量程太小，需要加大量程。

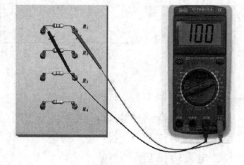

图 1-9 数字式万用表测量电阻

（2）电路的工作状态

电路的工作状态有三种类型：有载运行状态、开路状态和短路状态。

① 有载运行状态 如图 1-10 所示，开关 S 合上，电路中电源与负载接通，构成闭合回路，此时负载中有电流通过，这种状态称为有载运行状态。

电路处于有载运行状态时具有如下特点。

a. 电路中有电流通过，电流的大小与电源电压和电路中的电阻有关。

b. 电源的端电压等于负载的端电压。

c. 电源输出电功率、负载消耗电功率转换为其他形式的能量。

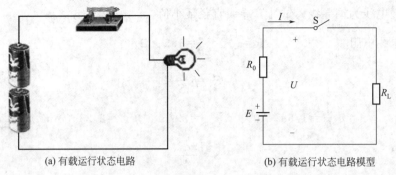

图 1-10 有载运行状态

根据负载的大小的不同，电路的有载运行状态又分为满载、轻载、过载三种情况。电源输出功率为额定输出功率时称为满载；电源输出功率小于额定输出功率时称为轻载；电源输出功率大于额定输出功率时称为过载。过载会使电气设备使用寿命大大缩短，严重时会损坏设备，实际应用时应尽量避免。

② 开路状态 如图 1-11 所示电路中，开关 S 断开，电源和负载没有形成闭合回路，电源处于开路（空载）状态。

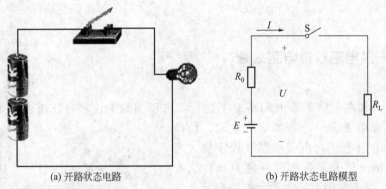

图 1-11 开路状态

电源开路时电路具有如下特点。

a. 开路时电路的电阻对电源而言相当于无穷大，电路中电流为 0。

b. 电源的端电压也称为开路电压，其大小等于电源的电动势。

c. 电源输出功率为 0。

③ 短路状态 如图 1-12 所示，电源不经过负载而直接由导线构成回路，称电路处于短路状态。

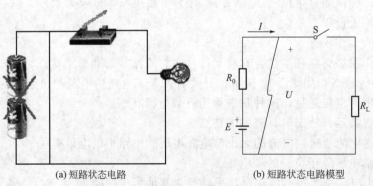

图 1-12 短路状态

电源短路时电路具有如下特点。

a. 短路处因为用导线连接，所以电压为0。

b. 一般情况下，电源内阻很小，导线电阻可忽略不计，因此短路电流非常大，将使电路的保护装置动作，或使导线烧断。

c. 电源发出的功率全部消耗在电源内阻上，电源会因过热而损坏。

电源短路是一种事故状态，应竭力避免。为了防止短路事故产生不良后果，实际电路中接入熔断器、保护开关等短路保护装置，当电源发生短路时，能迅速自动断开故障电路与电源。实际应用中，有时根据某种需要，将某一电路或某一元件短路，称为短接，这是人为的安排，与事故短路有本质的区别。

(3) 通过测量电阻检查电路故障

电路在不同的状态呈现的电阻值不同，因此，可以在不通电的情况下，通过测量电路或元件的电阻值，判断电路的状态（表1-4）。

表1-4 电路故障的检查

名称		正常状态的阻值	检查方法
连接导线		0	阻值不为0，可能接触不良；阻值非常大，可能断开
电阻负载		某一数值	阻值为0，可能内部短路；阻值非常大，可能内部断开
电感负载		较小	阻值为0，可能内部短路；阻值非常大，可能内部断开
电容负载		很大	阻值为0，可能被击穿；阻值变大，可能出现老化；阻值非常大，可能内部断开
开关	闭合状态为0	阻值不为0，可能触点接触不良；阻值非常大，说明触点无法接触。
	断开状态为∞	有一定阻值，可能漏电；阻值接近0，说明触点无法断开。
熔断器		0	阻值不为0，可能接触不良；阻值非常大，说明已经熔断。

不允许在电路带电的情况下测量电路的电阻，以免损坏仪表，使电路故障扩大或危及人员安全。为了准确地测量电阻值，最好将与测量元件并联的支路断开，如果不方便，在测量阻值为0时，需要考虑并联电路出现短路的情况。

议一议

◆ 观察导线、白炽灯、电炉、电阻温度计、标准电阻和电刷，了解它们的导电材料及相关知识。

◆ 电池接在电路中一定起电源的作用吗？

◆ 有人说：电路中，电压为0时，电流一定为0；同样，电流为0时，电压也一定为0。请问这个观点正确吗？请举例说明。

做一做

◆ 选择一个普通电阻，分别用万用表的不同量程测量它的电阻值，比较测量结果，判断哪个测量数值更准确。

◆ 利用欧姆定律设计电路，精确测量某一个电阻的阻值。

◆ 比较两个不同功率（差别最好稍大些）的白炽灯的灯丝，或是两个不同功率电炉的电阻丝的区别。

练一练

◆ 为了测量发电机绕组的温度，在绕组中安装了一个铂丝电阻元件。已知20℃时电阻元件的电阻值为49.5Ω，运行一段时间后测出元件电阻为60.9Ω，求发电机内部的温度。

◆ 在图1-13所示电路中，已知$R=100Ω$，当开关S闭合时，电压表的读数是48V；当开关S断开时，电压表的读数是50.4V，求电源内阻R_0的阻值。

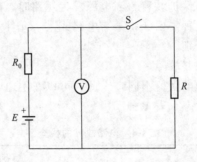

图1-13 测量电源内部电阻电路

◆ 有一个直流电源，$E=220V$，内阻$R_0=1Ω$，与$R=21Ω$的负载电阻连接，计算短路电流是正常工作时电流的多少倍。

任务四 连接电路

知识目标 ▶▶

★ 熟悉串联电路的连接与计算。
★ 熟悉并联电路的连接与计算。

技能目标 ▶▶

★ 会连接串联电路和并联电路。
★ 会扩大电压表、电流表量程。

应用目标 ▶▶

★ 判断实际电路的连接关系，正确应用串联电路和并联电路。

1. 串联电路

（1）电阻的串联

如图1-14所示，两个或两个以上电阻依次连接，中间没有分支的连接方式称电阻串联。

（2）电阻串联的特点

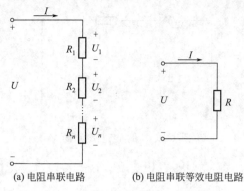

(a) 电阻串联电路　　　　(b) 电阻串联等效电阻电路

图 1-14　电阻串联及其等效电阻电路

① 串联电路中各电阻流过同一电流，即

$$I=I_1=I_2=\cdots=I_n \tag{1-4}$$

② 串联电路两端的总电压等于各电阻两端的电压之和，即

$$U=U_1+U_2+\cdots+U_n \tag{1-5}$$

③ 串联电路的等效电阻（总电阻）等于各串联电阻之和，即

$$R=R_1+R_2+\cdots+R_n \tag{1-6}$$

（3）电阻串联在工程中的应用

电阻串联在工程中的应用主要有以下四个方面。

① 通过电阻串联获得较大阻值的电阻。

② 通过电阻串联构成分压电路，使负载获得所需电压。

③ 利用串联电阻的方法来限制和调节电路中电流的大小。

④ 电工测量中，广泛应用串联电阻的方法扩大电压表的量程。

【例 1-5】　图 1-15 所示电路中，输入电压为 10V，试计算输出电压 U_0。

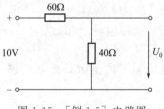

图 1-15　[例 1-5] 电路图

解

（1）等效电阻：$R=R_1+R_2=100$（Ω）

（2）电流：$I=U/R=10/100=0.1$（A）

（3）输出电压：$U_1=IR_1=0.1\times 40=4$（V）

【例 1-6】　一个 10V 电压表，内阻为 20kΩ，如果要将电压表量程扩大为 100V，问需要串联多大的电阻。

解　这是典型的电阻串联分压的例子。由题意可知电压表的内阻 R_g 上的电压为 U_g，只能承受 10V，其余 90V 的电压由外接电阻分压，设 R 上的电压为 U_R，见图 1-16。

电压表中通过的电流　　$I=\dfrac{U_g}{R_g}=\dfrac{10}{20\times 10^3}=5\times 10^{-4}$（A）

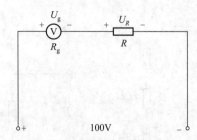

图 1-16 [例 1-6] 电路图

需要串联的电阻 $R = \dfrac{U_R}{I} = \dfrac{100-10}{5 \times 10^{-4}} = 1.8 \times 10^5 = 180$ （kΩ）

即在表头一端串联一个 180kΩ 的分压电阻，可将量程扩大至 100V。

2. 并联电路

并联电路是实际应用中最常见的电路，家庭中的电灯、电视机、电风扇等用电设备都是采用并联方式接入电源的。两个或两个以上电阻接在电路中相同的两点之间，称电阻并联，如图 1-17 所示。并联电路的特点如下。

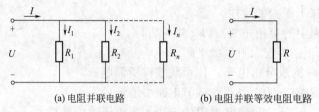

(a) 电阻并联电路　　　　　　(b) 电阻并联等效电阻电路

图 1-17　电阻并联及其等效电阻电路

① 并联电路中各电阻两端的电压相等，即

$$U = U_1 = U_2 = \cdots = U_n \tag{1-7}$$

② 并联电路中的总电流等于各支路电流之和，即

$$I = I_1 + I_2 + \cdots + I_n \tag{1-8}$$

③ 并联电路的等效电阻（总电阻）的倒数等于各并联电阻的倒数之和，总电阻小于任一并联电阻，即

$$\dfrac{1}{R} = \dfrac{1}{R_1} + \dfrac{1}{R_2} + \cdots + \dfrac{1}{R_n} \tag{1-9}$$

两电阻并联，其等效电阻 R 为

$$R = \dfrac{R_1 R_2}{R_1 + R_2} \tag{1-10}$$

【例 1-7】 R_1 和 R_2 并联，如果 $R_1 = 60\Omega$，$R_2 = 40\Omega$，R_1 上通过的电流 0.2A，试计算 R_2 上通过的电流和总电流。

解

（1）计算电压

$$U_1 = U_2 = R_1 \times I_1 = 60 \times 0.2 = 12 \text{ （V）}$$

（2）计算 R_2 上通过的电流

$$I_2 = \dfrac{U_2}{R_2} = \dfrac{12}{40} = 0.3 \text{ （A）}$$

（3）计算总电流

$$I = I_1 + I_2 = 0.2 + 0.3 = 0.5 \text{ (A)}$$

【例 1-8】 如图 1-18 所示，有一满偏电流 $I_g = 100\mu A$，内阻 $R_g = 2k\Omega$ 的表头，若要将其改装成能测量 100mA 的电流表，问需并联的分流电阻为多大。

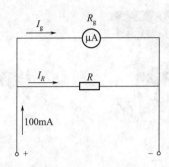

图 1-18　[例 1-8] 电路图

解　这是典型的利用并联电阻扩大电流表量程的实例。要改装成 100mA 电流表，则通过分流电阻 R 的电流

$$I_R = I - I_g = 100 - 100 \times 10^{-3} = 99.9 \text{ (mA)}$$

表头两端的电压

$$U = I_g R_g = 100 \times 10^{-6} \times 2 \times 10^3 = 0.2 \text{ (V)}$$

需并联的分流电阻

$$R = \frac{U}{I_R} = \frac{0.2}{99.9 \times 10^{-3}} \approx 2 \text{ (}\Omega\text{)}$$

因此，在表头两端并联一个 2Ω 的分流电阻，可将量程扩大至 100mA。

议一议

◆ 观察教室里的灯和电风扇，它们彼此之间是怎样连接的？灯与控制它的开关是怎样连接的？串联电路和并联电路最本质的区别是什么？

想一想

◆ 指针式万用表只有一个表头，其直流电压挡却有 10V、50V、100V、500V 等多个量程，这是为什么呢？

◆ 电路如图 1-19 所示，判断图中各电阻之间的连接方式。

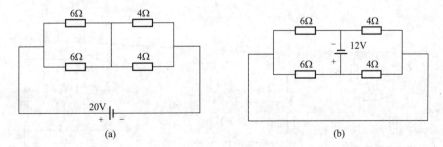

图 1-19　多个电阻连接电路

做一做

◆ 利用图 1-20(a) 所示的仪器与设备，连接图 1-20(b) 所示电路，要求每个电阻均由开关控制，并验证电阻串联和并联时的电压与电流关系。

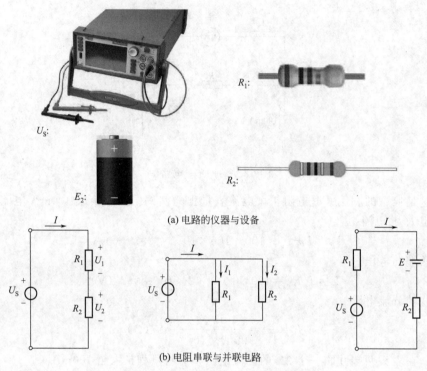

图 1-20　仪器、设备与连接完成的电路

练一练

◆【例 1-6】中的电压表，如果需要将量程扩大到 250V，该如何改装呢？

◆ 已知电路如图 1-21 所示，试计算 a、b 两端的等效电阻。

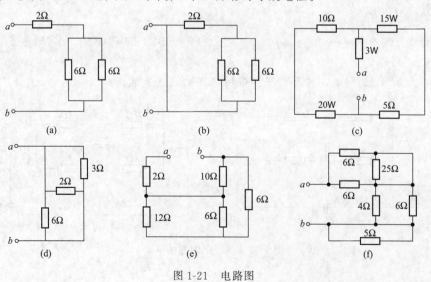

图 1-21　电路图

◆ 在图 1-22 所示电路中,负载的端电压为 200V,负载是一组电灯和一只电炉,电炉取用 600W 的功率;电灯共 14 盏,并联成一组,每盏灯的电阻为 400Ω,每根连接导线的电阻 R 为 0.2Ω,电源的内电阻 R_0 为 0.1Ω。试计算:

(1) 电源的端电压;
(2) 电源的电动势。

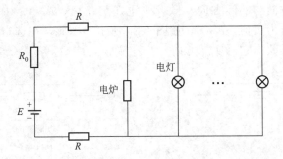

图 1-22　负载电路

任务五　熟悉直流电路的基本定律

知识目标 ▶▶

★ 理解参考方向的概念。
★ 熟悉欧姆定律在不同参考方向下的表达形式。
★ 熟悉基尔霍夫定律。

技能目标 ▶▶

★ 掌握复杂电路的接线方法。
★ 设计实验电路,验证欧姆定律和基尔霍夫定律。

应用目标 ▶▶

★ 应用欧姆定律和基尔霍夫定律分析和计算实际电路。

1. 参考方向

在复杂电路中,电压、电流的实际方向很难确定,而在有的电路中,电压、电流的实际方向随时间不断变化。为了便于分析、研究问题,可任意规定电压、电流的正方向,称参考方向。如果没有特别说明,电路图中标出的电压、电流的方向都是指参考方向,通常用实线表示,实际方向则用虚线表示。

(1) 电压的参考方向

电路中,电压的参考方向一般用箭头或"+""-"号表示,如图 1-23 所示,图 1-23(a) 和图 1-23(b) 均表示电压的参考方向为由 A 到 B。

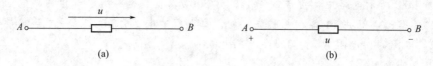

图 1-23 电压的参考方向

如果电压的参考方向与实际方向一致，则电压为正值，$u>0$；如果电压的参考方向与实际方向相反，则电压为负值，$u<0$，如图 1-24 所示。因此，在选定了电压的参考方向后，电压值的正、负能够反映出它的实际方向。

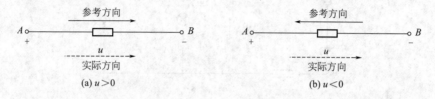

图 1-24 电压的参考方向与实际方向的关系

用电压表测量直流电压 U_{AB} 时，应将红表笔置于 A 端，将黑表笔置于 B 端，如果指针正向偏转，表明被测电压为正值；如果指针反向偏转，应将万用表的两个表笔交换，然后再进行测量、读数，此时，被测电压为负值。

（2）电流的参考方向

电路中电流的参考方向一般用箭头表示，如图 1-25 所示。i_{AB}、u_{AB} 表示电流、电压的参考方向是由 A 到 B。

图 1-25 电流的参考方向

如果电流的参考方向与实际方向一致，则电流为正值，$i>0$；如果电流的参考方向与实际方向相反，则电流为负值，$i<0$，如图 1-26 所示。

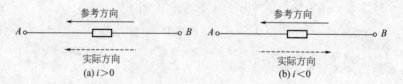

图 1-26 电流的参考方向与实际方向的关系

用电流表测量电流时，"＋"极应置于电流的起始端，"－"极应置于电流的终止端，如果电流表的指针正向偏转，表明被测电流为正值；如果指针反向偏转，应将电流表的"＋"极和"－"极调换，然后再进行测量并读数，被测电流为负值。

（3）关联参考方向

对于一个元件或一段电路，电流和电压的参考方向可以独立地任意指定。当电流和电压参考方向一致时，称为关联参考方向；如果电压和电流的参考方向不一致，称为非关联参考方向，如图 1-27 所示。一般电路中，如果没有特别说明，通常都使用关联参考方向。

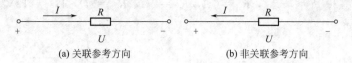

(a) 关联参考方向　　　　　(b) 非关联参考方向

图 1-27　电流与电压的参考方向的约定

议一议

- 某电路的电压计算值 $U_{AB}=-4.2\text{V}$，代表的意义是什么？
- 某电路的电流分别为 $I_1=0.6\text{A}$，$I_2=-1.5\text{A}$，电流表的量程有 1A 和 2A 两个等级，如果要选用电流表测量此电流，电流表的量程该如何取值？

做一做

- 连接图 1-10 所示电路，然后完成以下要求：

（1）测量电流 I 和电压 U；

（2）将电流 I 和电压 U 的参考方向都反向，重新测量 I 和 U 的值；

（3）归纳电压、电流的测量方法和步骤。

2. 直流电路的定律

（1）欧姆定律

电路中，如果电阻元件的电阻值为常数，称线性电阻。在关联参考方向下，如图 1-28(a) 所示，线性电阻两端的电压与流过的电流成正比，即

$$U=IR \tag{1-11}$$

如果电压、电流为非关联参考方向，如图 1-28(b) 所示，则

$$U=-IR \tag{1-12}$$

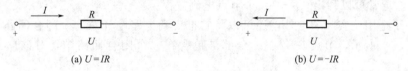

(a) $U=IR$　　　　　(b) $U=-IR$

图 1-28　欧姆定律表达式

想一想

- 电路如图 1-29 所示，当电阻 R 的阻值变小时，电流表 A 和电压表 V 的读数将如何变化（电流表的内阻很小，可忽略不计；电压表的内阻很大，可忽略其分流作用）？

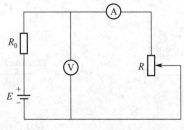

图 1-29　电流可调直流电路

◆ 电路如图 1-30 所示，已知 $R_1=6\Omega$，$R_2=2\Omega$，$R_3=3\Omega$，$U_{S1}=18V$，$U_{S2}=12V$，试计算电路中的电流。

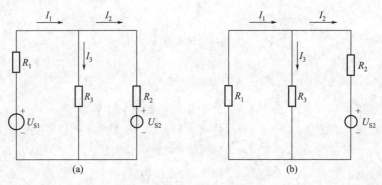

图 1-30 多个电阻连接的电路

(2) 基尔霍夫定律

① 基本概念　支路：任何一段没有分支电路称为支路，它至少应包含一个元件。图 1-31 中有 acb、ab、adb 三条支路。流过同一条支路的电流完全相同。

节点：三条或三条以上支路的交点称为节点。图 1-31 中有 a、b 两个节点。

回路：电路中任意一个闭合路径称为回路。图 1-31 中有 $abca$、$abda$、$adbca$ 三个回路。

网孔：内部不含支路的回路称为网孔。图 1-31 中有 $abca$、$abda$ 两个网孔。

② 基尔霍夫电流定律　基尔霍夫电流定律（简称 KCL）的内容为：任一时刻，对于电路中任一节点，流入该节点的电流之和等于流出该节点的电流之和，即

$$\sum i_\text{入} = \sum i_\text{出} \tag{1-13}$$

如图 1-31 所示，对于节点 a，各电流的关系为：

$$I_1 + I_2 = I_3$$

如果写出节点 b 的电流方程，会发现它和式(1-13)完全相同。因此，一个电路中如果有 n 个节点，通常可以列出 $(n-1)$ 个节点电流方程。

KCL 除了适用于实际节点外，还可以将它推广到电路中任意一个闭合回路，称为广义节点。如图 1-32 所示，节点 b、c、d 全部被包含在一个闭合回路中，对该广义节点运用 KCL，有

$$I_1 + I_2 = I_3$$

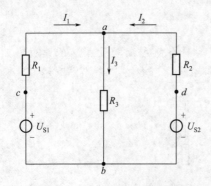

图 1-31 包含三条支路的电路

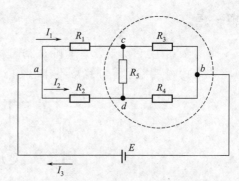

图 1-32 广义节点

③ 基尔霍夫电压定律　基尔霍夫电压定律（简称 KVL）的内容是：任一时刻，沿任一

闭合回路绕行一周，各段电压的代数和等于零，即

$$\sum U = 0 \tag{1-14}$$

应用 KVL 时，首先要确定一个回路的绕行方向（可以不在电路图上标出），当元件上的电压参考方向与回路绕行方向一致时，该电压取正值，反之则取负值。

对于图 1-33 所示电路中的回路 abca，确定其回路绕行方向为顺时针方向。根据 KVL，其电压方程为

$$I_3 R_3 + I_1 R_1 = U_{S1}$$

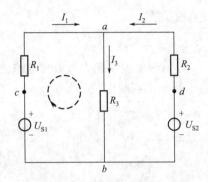

图 1-33　包含闭合回路的电路

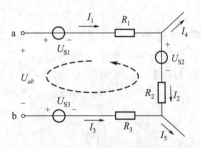

图 1-34　不闭合回路

KVL 不仅可应用于闭合回路，还可以推广到任一不闭合的电路上，但要将开口处的电压列入方程，如图 1-34 所示。开口电路的 KVL 方程为：

$$U_{ab} + U_{S3} + I_3 R_3 - I_2 R_2 - U_{S2} - I_1 R_1 - U_{S1} = 0$$

【例 1-9】 电路如图 1-35 所示，求电路中的电流 I。

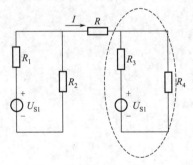

图 1-35　[例 1-9] 电路图

解　选择一闭合回路，如图中虚线所示，根据广义 KCL，流入闭合回路的电流等于流出闭合回路的电流，所以

$$I = 0$$

【例 1-10】 电路如图 1-36 所示，已知 $U_{S1} = 12V$，$U_{S2} = 6V$，$R_1 = 2\Omega$，$R_2 = 4\Omega$，$R_3 = 10\Omega$，求开路电压 U_{ab}。

解　因为 $I_3 = 0$，所以有

$$I_1 = I_2 = \frac{U_{S1}}{R_1 + R_2} = \frac{12}{2+4} = 2 \text{ (A)}$$

应用 KVL，对 acba 回路列电压方程

$$U_{ab} - I_2 R_2 + I_3 R_3 - U_{S2} = 0$$

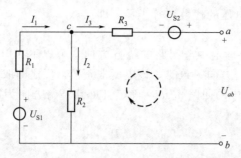

图 1-36 [例 1-10] 电路图

$$U_{ab} = I_2R_2 - I_3R_3 + U_{S2} = 2 \times 4 - 0 \times 10 + 6 = 14 \text{ (V)}$$

实际电路中经常用到电位的概念。如果电路中某一点为参考点（优先选取接地点或机壳等），其电位为 0，电路中的其他点与参考点之间的电压就是该点的电位。

【例 1-11】 电路如图 1-37 所示，计算电流的大小。

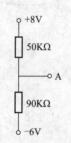
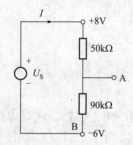

图 1-37 [例 1-11] 电路图　　图 1-38 [例 1-11] 等效电路

解 （1）画出等效电路图，如图 1-38 所示
（2）计算电流 I
假设 $U_S = 8 - (-6) = 14$ （V）
（3）根据基尔霍夫电压定律，列方程，为：
$$U_S = I(50 + 90)$$

可得：$I = \dfrac{U_S}{50+90} = \dfrac{14}{140} = 0.1$ （mA）

练一练

- 图示 1-39 电路中，$R_1 = 60\Omega$，$R_3 = 40\Omega$，$U_{S1} = 100\text{V}$，试计算开路电压 U。
- 图示 1-40 电路中，试计算 U_S 的值。
- 电路如图 1-41 所示，已经计算出 2Ω 电阻中的电流为 0.25A，试计算 A 点的电位。

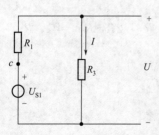
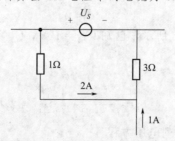
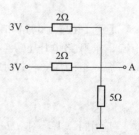

图 1-39 计算开路电压电路　　图 1-40 包含广义节点电路　　图 1-41 计算电位电路

任务六 计算电流

扫一扫

知识目标 ▶▶

★ 熟悉简单电路的计算。
★ 至少熟练掌握两种复杂电路的计算方法。
★ 熟练计算只包含三条支路的复杂电路。

技能目标 ▶▶

★ 设计实验电路，验证叠加定理。
★ 设计实验电路，验证戴维南定理。

应用目标 ▶▶

★ 应用叠加定理和戴维南定理的思想分析复杂电路。

1. 计算简单电路的电流

简单电路指可以直接利用欧姆定律和电阻串、并联等效的方法进行分析、计算的电路。

【**例 1-12**】 电路如图 1-42 所示，已知：$U_S = 18V$，$R_1 = 6\Omega$，$R_2 = 3\Omega$，当（1）$R_3 = 2\Omega$；（2）R_3 开路；（3）R_3 短路；试求以上三种情况下的电流 I_1、I_2 和 I_3。

解 （1）$R_3 = 2\Omega$ 时

$$R = R_1 + \frac{R_2 R_3}{R_2 + R_3} = 6 + \frac{3 \times 2}{3 + 2} = 7.2 \ (\Omega)$$

$$I_1 = \frac{U_S}{R} = \frac{18}{7.2} = 2.5 \ (A)$$

$$U_{AB} = I_1 \times \frac{R_1 \times R_2}{R_1 + R_2} = 2.5 \times \frac{3 \times 2}{3 + 2} = 3 \ (V)$$

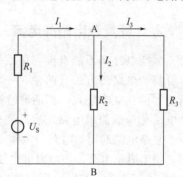

图 1-42 【例 1-12】电路图

$$I_2 = \frac{U_{AB}}{R_2} = \frac{3}{3} = 1 \ (A)$$

$$I_3 = \frac{U_{AB}}{R_3} = \frac{3}{2} = 1.5 \ (A)$$

（2）R_3 开路时

$I_3 = 0$，U_S、R_1 和 R_2 串联。

$$I_1 = I_2 = \frac{U_S}{R_1 + R_2} = \frac{18}{6 + 3} = 2 \ (A)$$

（3）R_3 短路时

R_2 电阻被短接，没有电流通过，$I_2 = 0$

U_S、R_1 和 R_3 短路的导线构成闭合回路。

$$I_1 = I_3 = \frac{U_S}{R_1} = \frac{18}{6} = 2 \text{ (A)}$$

想一想

◆ 简单电路的特点是什么？是不是电路的元件个数少就是简单电路？
◆ 归纳简单电路的分析步骤。

练一练

◆ 电路如图 1-43 所示，计算负载电流 I。
◆ 电路如图 1-44 所示，已知：$U_S = 18\text{V}$，$R_1 = 6\Omega$，$R_2 = 3\Omega$，$R_3 = 2\Omega$，试求电流 I_1、I_2 和 I_3。

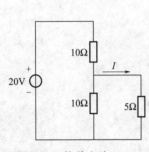

图 1-43　简单电路（一）

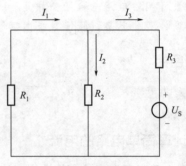

图 1-44　简单电路（二）

2. 计算复杂电路的电流

复杂电路指不能直接利用欧姆定律和电阻串、并联等效的方法进行分析、计算的电路。求解复杂电路的方法有两种：一种方法是根据电路待求的未知量，直接应用基尔霍夫定律列出足够的独立方程式，然后联立求解，得到结果；另一种方法是应用等效变换的概念，将复杂电路化简成简单电路，然后通过欧姆定律、基尔霍夫定律或分压、分流公式求得结果。

复杂电路和简单电路与电路中元件的个数没有直接关系，有的电路元件个数成千上万，但还是属于简单电路，如电力供电线路；而有的电路中的元件个数只有几个，却属于复杂电路，如图 1-30 所示。分析、计算复杂电路最常用的方法是支路电流法、叠加定理和戴维南定理。

（1）支路电流法

支路电流法是分析、计算复杂电路的最基本的方法。该方法以电路中各支路电流为待求量，根据 KCL 和 KVL 分别列出节点电流方程和回路电压方程，然后解方程组，即可求得各支路电流。

支路电流法的解题步骤如下。

① 标出各支路电流的参考方向。如果电路图中已经将电流的参考方向标出，此步骤可省略。

② 根据 KCL 列出各节点的电流方程。如果电路中有 n 个节点，只需列出 $(n-1)$ 个节点的独立电流方程。

③ 根据 KVL 列出回路（网孔）的电压方程，使回路电压方程的数量加上节点电流方程的数量正好等于电路中待求的支路电流个数。

④ 解联立方程组，得出各支路电流。

【例 1-13】 电路如图 1-45 所示。已知 $R_1=6\Omega$，$R_2=2\Omega$，$R_3=3\Omega$，$U_{S1}=18V$，$U_{S2}=12V$，计算各支路电流。

解 假设各支路电流参考方向和回路绕行方向如图 1-41 所示。

根据 KCL，列节点电流方程
$$I_1-I_2-I_3=0$$

根据 KVL，列回路电压方程
$$I_1R_1+I_3R_3-U_{S1}=0$$
$$-I_2R_2+I_3R_3-U_{S2}=0$$

将已知数据代入上述方程，解联立方程组。

$$\begin{cases}I_1-I_2-I_3=0\\6I_1+3I_3-18=0\\-2I_2+3I_3-12=0\end{cases} 得：\begin{cases}I_1=1.5\text{（A）}\\I_2=-1.5\text{（A）}\\I_3=3\text{（A）}\end{cases}$$

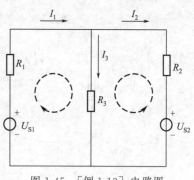

图 1-45　[例 1-13] 电路图

I_1、I_3 为正值，说明实际方向与图中所示参考方向相同；I_2 为负值，说明实际方向与图中所示参考方向相反。

练一练

◆ 电路如图 1-46 所示，已知 $E_1=130V$，$E_2=117V$，$R_1=0.4\Omega$，$R_2=0.6\Omega$，$R_3=24\Omega$，$R_4=0.6\Omega$，计算流过 R_3 的电流 I_3。

◆ 电路如图 1-47 所示，计算电流 I_1 和 I_2。

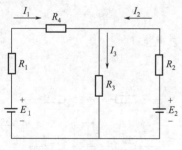

图 1-46　复杂电路（一）

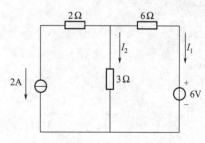

图 1-47　复杂电路（二）

（2）叠加定理

具有几个电源的线性电路中，各支路的电压或电流等于各电源单独作用时所产生的电压或电流的代数和，这一定理称为叠加原理。叠加定理只适用于计算电路中的电压和电流，功率的计算不能够叠加。

应用叠加原理时应当注意：当某独立电源单独作用于电路时，其他独立电源应该按不起作用进行处理。电压源不起作用，可以将电压源用短路代替，但实际电压源的内阻保留；电流源不起作用，可以将电流源用开路代替，但实际电流源的内阻保留。

【例 1-14】 电路如图 1-48（a）所示，已知 $R_1=6\Omega$，$R_2=2\Omega$，$R_3=3\Omega$，$U_{S1}=18V$，$U_{S2}=12V$，利用叠加定理求各支路电流。

解 电路中有两个独立的电压源，使它们分别作用于电路，可得如图 1-48（b）、图 1-48

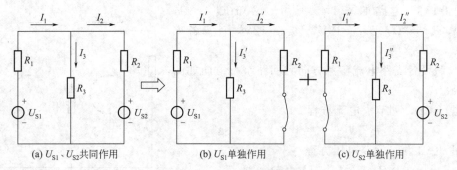

(a) U_{S1}、U_{S2} 共同作用　　(b) U_{S1} 单独作用　　(c) U_{S2} 单独作用

图 1-48　[例 1-14] 电路图

(c) 所示电路。利用求解简单直流电路的方法对电路进行分析、计算，可得：

$$I_1'=2.5\text{A},\ I_2'=1.5\text{A},\ I_3'=1\text{A},\ I_1''=-1\text{A},\ I_2''=-3\text{A},\ I_3''=2\text{A}$$

所以
$$I_1=I_1'+I_1''=1.5\text{A}$$
$$I_2=I_2'+I_2''=-1.5\text{A}$$
$$I_3=I_3'+I_3''=3\text{A}$$

议一议

◆ 如果电路中有二极管、三极管、热敏电阻等非线性元件，叠加定理适用吗？

做一做

◆ 连接图 1-48 所示电路，设计实验步骤，验证叠加定理。
◆ 用二极管代替图 1-48 所示电路中的某一个电阻，验证叠加定理。

练一练

◆ 电路如图 1-49 所示，试应用叠加定理计算电路中电流 I。
◆ 应用叠加定理计算图 1-50 所示电路中的电流 I。

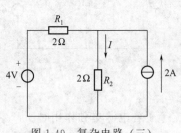

图 1-49　复杂电路（三）

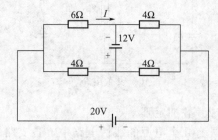

图 1-50　复杂电路（四）

（3）戴维南定理

在电路中，具有两个引出端，与外电路相连接的电路，称为二端网络。含有独立电源的二端网络称为有源二端网络；不含独立电源的二端网络则称为无源二端网络。

戴维南定理的内容为：任何一个线性有源二端网络，对外电路而言，总可以用一个电压源与电阻串联的模型来替代，如图 1-51 所示。电压源的电压等于有源二端网络的开路电压 U_{OC}；电压源的内电阻等于该网络中所有电源不起作用时的等效电阻 R_0。

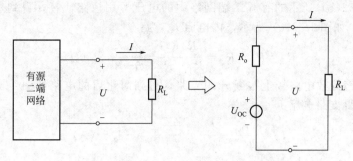

图 1-51 有源二端网络及戴维南等效电路

戴维南定理适用于计算某一条支路的电流或电压，解题步骤如下。

① 断开所求支路，得到有源二端网络，求开路电压 U_{OC}。

② 将电压源用短路代替，电流源用开路代替，画出无源二端网络等效电路图，求出等效电阻 R_o。

③ 画出有源二端网络的戴维南等效电路，接上被断开的支路，利用欧姆定律求支路电流 I。

【**例 1-15**】 电路如图 1-52(a) 所示，已知 $R_1=6\Omega$，$R_2=2\Omega$，$R_3=3\Omega$，$U_{S1}=18V$，$U_{S2}=12V$，利用戴维南定理计算支路电流 I_2。

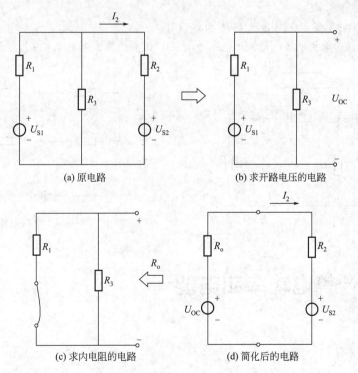

图 1-52 ［例 1-15］电路图

解 （1）断开电流 I_2 所在支路，画出有源二端网络，如图 1-52(b) 所示，开路电压 U_{OC} 为：

$$U_{OC}=\frac{U_{S1}}{R_1+R_3}\times R_3=\frac{18}{6+3}\times 3=6\ (V)$$

(2) 将图 1-52(b) 所示的有源二端网络中的电压源用短路代替，得到求等效电压源内电阻 R_o 的电路，如图 1-52(c) 所示，内电阻 R_o 为：

$$R_o = R_1 // R_3 = \frac{R_1 R_3}{R_1 + R_3} = \frac{6 \times 3}{6 + 3} = 2 \ (\Omega)$$

(3) 将戴维南等效电路接上被断开的支路，得到简化后的电路如图 1-52(d) 所示，利用欧姆定律可求得支路电流 I_2。

$$I_2 = \frac{U_{OC} - U_{S2}}{R_o + R_2} = \frac{6 - 12}{2 + 2} = -1.5 \ (A)$$

想一想

◆ 实际电路中，如果需要将电压源用短路代替，能不能直接使用导线将电压源短路？这样做会有怎样的结果？

◆ 有人说，不管怎样复杂的电路，原则上都可以应用戴维南定理求解，这话有道理吗？

做一做

◆ 选择一个具体电路，设计实验步骤，验证戴维南定理。

练一练

◆ 电路如图 1-53 所示，计算电路中的电流 I。
◆ 图 1-54 所示为电桥电路，检流计电阻为 1.5Ω，试利用戴维南定理求通过检流计的电流 I_G。

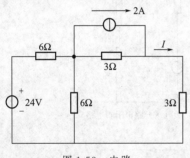

图 1-53 电路

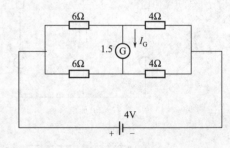

图 1-54 电桥电路

任务七 计算电功率和电能

扫一扫

知识目标

★ 正确计算电功率。
★ 正确计算电能。
★ 通过计算电功率，判断电源和负载。

技能目标

★ 正确使用功率表测量电路的功率。

> 应用目标

★ 正确安装和使用功率表。
★ 测算某件电器的日用电量和家庭每日的用电量。

1. 计算电功率

电源电功率（功率）指电源在单位时间内提供的电能，数值上等于电源电动势与通过电源的电流的乘积，即：

$$P_E = EI \qquad (1\text{-}15)$$

负载电功率指负载在单位时间内消耗的电能，数值上等于负载两端的电压与通过的电流的乘积，即：

$$P_R = UI \qquad (1\text{-}16)$$

在电路的分析、计算中，常根据电功率的"＋""－"号来判断元件是吸收电功率还是发出电功率。通常规定吸收功率为正，发出功率为负。

如果电路元件上的电压 U 和电流 I 取关联参考方向，电流、电压同为正或同为负，则：

$$P = UI \qquad (1\text{-}17)$$

如果电路元件上的电压、电流取非关联参考方向，电流、电压符号相反，则：

$$P = -UI \qquad (1\text{-}18)$$

可以通过计算电功率判断元件的性质是电源还是负载。如果 $P>0$，表示电路元件吸收功率，为负载；如果 $P<0$，表示电路元件发出电功率，为电源。

对于电阻 R，$P_R = UI = RII = RI^2$，不管电流是正还是负，P_R 都为正，所以，电阻在电路中总是吸收电功率。

2. 测量电功率

功率表俗称瓦特表，用于检测负载功率。因为功率是电流和电压的乘积，因此功率表有固定的电流线圈和可动的电压线圈，分别测量电流和电压。测量时，电流线圈串入所测电路，而电压线圈和被测元件并联。

为了正确接线，在电流线圈和电压线圈的一端标有"*"，测量功率时，必须将电压线圈的"*"端与电流线圈的"*"端连接在一起。如图 1-55 所示，图中的 R 为分压电阻，R_L 为负载，电路功率可直接读出。

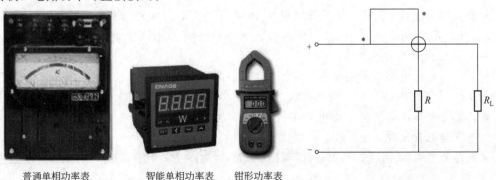

普通单相功率表　　智能单相功率表　　钳形功率表

(a) 单相功率表实物图　　　　　　　　　　(b) 单相功率表接线图

图 1-55　用功率表测量直流电路的功率

3. 计算电能

电路的工作过程就是电路内部能量转换的过程。根据能量守恒定律，一个电路中，电源提供的电能一定等于消耗的电能，功率的代数和为 0。

电能用电功率与时间的乘积表示：

$$W = Pt \tag{1-19}$$

从式(1-19)可以看出，对于电源，电功率越大，说明电源在一定时间内提供的电能越多；而对于负载或设备，电功率越大，说明一定时间内消耗的电能越多，所以实际应用中应根据需要合理选择用电设备，避免"大马拉小车"，造成电能的浪费。

当功率的单位用 kW（千瓦）、时间的单位用 h（小时）表示时，电能的单位为 kW·h（千瓦时），习惯上称为"度"。

$$1 \text{度} = 1 \text{kW} \cdot \text{h} \tag{1-20}$$

【例 1-16】 一盏"220V、60W"的白炽灯，在正常工作时，大概多长时间消耗一度电？

解 因为

$$W = Pt$$

所以

$$t = \frac{W}{P} = \frac{1}{60} = \frac{1000}{60} \approx 16.6 \text{ (h)}$$

想一想

- 通常电压表和电流表都只有两个接线端，而功率表有四个接线端，这是为什么？
- 归纳功率表的接线方法。

做一做

- 连接一个完整的电路，用功率表测量电源和某一负载上的功率。
- 测算家里的某一件电气的日用电量，测算家庭每日的用电量。

练一练

- 教学楼有教室 40 间，每间教室安装 40W 日光灯 8 只，每只耗电 46W（包括镇流器耗电），每天用电 5h，一月按 30 天计算，问教学楼一月用电多少度？若每度电收费 0.65 元，一个月应付电费多少？
- 某个家庭平时常用的主要电器有："220V、60W"的日光灯 4 只，"220V、800W"的电饭煲 1 台，"220V、250W"的电视机 1 台，"220V、1500W"的电热水器 1 台，现有三只电能表，额定电压和额定频率均为 220V、50Hz，额定电流分别为 5A、10A、20A，试判别用哪些电能表测量比较合适。
- 电路如图 1-44 所示，已知：$U_S = 18$V，$R_1 = 6\Omega$，$R_2 = 3\Omega$，$R_3 = 2\Omega$，试求电流 I_1、I_2 和 I_3。
- 电路如图 1-56 所示，已知 $R_1 = 6\Omega$，$R_2 = 2\Omega$，$R_3 = 3\Omega$，$U_{S1} = 18$V，$U_{S2} = 12$V，计算电路中各元件的电功率 P。

◆ 电路如图 1-57 所示，试计算电路中各元件的电功率 P。

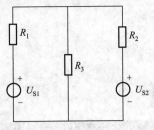

图 1-56 计算电功率电路（一）

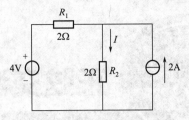

图 1-57 计算电功率电路（二）

模块一 习题解答

模块二 正弦交流电路

正弦交流电因为容易产生，便于输送和变换，在现代生产和生活中得到广泛应用。正弦交流电路的相关知识是学习电动机、电器和电子线路的理论基础。直流电路的一些基本定律和分析方法虽然也适用于正弦交流电路，但由于正弦交流电路中的电压、电流和电动势都是正弦量，因此其计算方法与直流电路又有很大的区别。

任务一 认识交流电

扫一扫

知识目标 ▶▶

★ 熟悉正弦交流电的三要素及意义。
★ 了解正弦交流电的相量表示法。

技能目标 ▶▶

★ 正确使用万用表测量日常生活中正弦交流电压的大小。
★ 利用示波器观察正弦交流电的波形。

应用目标 ▶▶

★ 了解日常生活中常见的正弦交流电路。
★ 观察常用的几种家用电器，了解其额定电压和额定频率。

1. 交流电路

电压、电流或电动势的大小和方向随时间按正弦规律变化，称为正弦交流电（交流电），其相关的电路称为正弦交流电路。目前在生产和生活等各方面使用的电能绝大部分为正弦交流电，所以用电负载组成的电路基本上都是正弦交流电路。照明灯、开关、电源和导线组成的电路为正弦交流电路；电风扇内部的电动机以及各元件和电源组成的电路也为正弦交流电路；一个家庭的各种用电设备组合成一个比较复杂的正弦交流电路，甚至一个企业、一个地区的用电负荷也可以看作是一个正弦交流电路。正弦交流电路如图 2-1 所示。

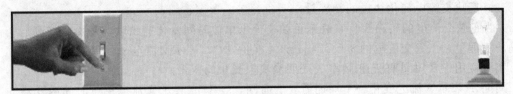

(a) 照明电路

(b) 家用电器电路 (c) 小型机床电路

图 2-1 正弦交流电路

2. 表示交流电的物理量

单相正弦交流电电流的波形可以用图 2-2 表示,表达式为:

$$i(t)=I_{\mathrm{m}}\sin(\omega t+\varphi_i) \tag{2-1}$$

式中,$i(t)$ 为正弦交流电流的瞬时值,它随时间不断变化。

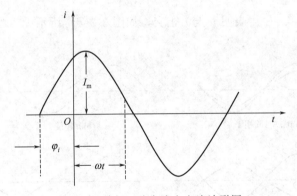

图 2-2 单相正弦交流电电流波形图

(1) 反映交流电大小的物理量——幅值、有效值

I_{m} 表示电流的最大值,也称幅值。

实际应用中,常用有效值表示正弦交流量的大小,交流测量仪表所指示的读数、交流电气设备铭牌上的额定值都是指有效值。

有效值书写符号用大写字母表示,如 U、I、E,和最大值的关系为:

$$U=\frac{U_{\mathrm{m}}}{\sqrt{2}} \tag{2-2}$$

$$I=\frac{I_{\mathrm{m}}}{\sqrt{2}} \tag{2-3}$$

实际应用中的交流电压有效值大概为 220V,我国家用电器的额定电压均为这个数值。

(2) 反映交流电变化快慢的物理量——角频率、频率、周期

ω 为正弦交流电的角频率,它表示正弦交流电单位时间变化的角度,是衡量交流电变化快慢的物理量,工频交流电的 $\omega=314\text{rad/s}$(弧度/秒),表示交流电每秒钟变化 314rad。

实际应用中常用周期 T 和频率 f 表明交流电变化的快慢。

周期 T 表示交流电变化一个周期需要的时间,频率 f 表示交流电单位时间内变化的次数,周期 T 和频率 f 与角频率之间的关系为:

$$\omega = 2\pi f \tag{2-4}$$

$$f = \frac{1}{T} \tag{2-5}$$

(3) 反映交流电变化步调的物理量——初相、相位差

φ 为正弦交流电的初相角(初相),它确定 $t=0$ 时交流量的大小,通常在 $|\varphi|\leq\pi$ 的主值范围内取值。

两个同频率正弦量的相位的差值称为相位差,用 φ 表示。设任意两个同频率的正弦量

$$u(t) = U_\text{m}\sin(\omega t + \varphi_u)$$
$$i(t) = I_\text{m}\sin(\omega t + \varphi_i)$$

则相位差 $\varphi_{ui}=\varphi_u-\varphi_i$,相位差 φ_{ui} 的取值范围通常是:$|\varphi_{ui}|\leq\pi$。它反映了这两个正弦量"步调"上的关系。

$$\varphi_{ui} = (\omega t + \varphi_u) - (\omega t + \varphi_i) = \varphi_u - \varphi_i \tag{2-6}$$

若 $\varphi_{ui}=0$,即 $\varphi_u=\varphi_i$,表明 u 与 i 同相,如图 2-3(a) 所示。

若 $\varphi_{ui}>0$,即 $\varphi_u>\varphi_i$,表明 u 的相位超前于 i,或 i 的相位滞后于 u,如图 2-3(b) 所示。

若 $\varphi_{ui}=\varphi_u-\varphi_i=\pm\pi$,表明 u 与 i 反相,如图 2-3(c) 所示。

若 $\varphi_{ui}=\varphi_u-\varphi_i=\pm\dfrac{\pi}{2}$,表明 u 与 i 正交,如图 2-3(d) 所示。

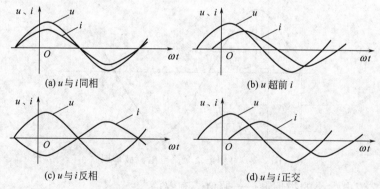

图 2-3 相位差

【例 2-1】 正弦电压的最大值 $U_\text{m}=311\text{V}$,初相 $\varphi_u=30°$;正弦电流的最大值 $I_\text{m}=14.1\text{A}$,初相 $\varphi_i=-60°$,它们的频率均为 50Hz。试分别写出电压和电流的瞬时值表达式。

解 电压的瞬时值表达式为:

$$u = U_\text{m}\sin(\omega t + \varphi_u) = 311\sin(2\pi ft + \varphi_u) = 311\sin(314t + 30°)(\text{V})$$

电流的瞬时值表达式为:

$$i = I_\text{m}\sin(\omega t + \varphi_i) = 14.1\sin(314t - 60°)(\text{A})$$

【例 2-2】 设电路中电流 $i = I_\text{m}\sin\left(\omega t + \dfrac{2\pi}{3}\right)$,已知接在电路中的安培表读数为 1.3A,求 $t=0$ 时 i 的瞬时值。

解 交流电路中电流表的读数表示有效值，即 $I=1.3\text{A}$，因此电流最大值为

$$I_m=\sqrt{2}I=1.414\times1.3=1.84\text{（A）}$$

$t=0$ 时，电流的瞬时值

$$i_{(t=0)}=I_m\sin\frac{2\pi}{3}=1.84\times0.866=1.6\text{（A）}$$

3. 正弦交流量的相量表示法

正弦交流量可以用相量表示，相量通常表示正弦交流量的有效值或最大值，相量与水平正方向的夹角表示正弦交流量的初相角，相量以 ω 的角速度逆时针旋转，如图 2-4 所示。

相量的表示符号通常为：$\dot{U}$、$\dot{I}$、$\dot{E}$，如果用相量表示交流量的最大值，则表示为：$\dot{U}_m$、$\dot{I}_m$、$\dot{E}_m$。

复平面上的相量称为相量图。在正弦交流电路分析中，常用相量图表示交流电路中各电量之间的关系，并通过它进行各相量运算。

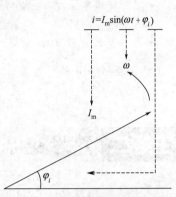

图 2-4 正弦交流量的相量表示法

【例 2-3】 用相量图表示正弦交流电流 $i=10\sqrt{2}\sin\left(314t+\dfrac{\pi}{3}\right)\text{（A）}$。

解 选定相量长度为 $10\sqrt{2}$，与水平方向夹角为 $\dfrac{\pi}{3}$，以 314rad/s 的角速度逆时针旋转，可得相量图，如图 2-5 所示。

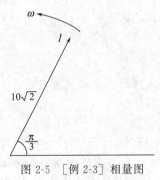

图 2-5 ［例 2-3］相量图

议一议

- 说出几个常见的正弦交流电路，并指出交流电路的组成及各元件的作用。
- 正弦交流电的三要素指哪三个物理量？每个物理量表示的意义是什么？

想一想

- 家庭、学校使用的正弦交流电的电压值为 220V，指的是什么电压？
- 如果正弦交流电的周期为 0.01s，有效值为 100V，初相为 30°，写出其表达式。

做一做

- 利用信号发生器产生一个正弦交流电，用示波器观察其波形，读出交流电的周期和有

效值。

◆ 了解日常生活中的工频交流电、无线电信号的频率。

练一练

◆ 已知交流电压为 $u=220\sqrt{2}\sin\left(100\pi t+\dfrac{2\pi}{3}\right)$ (V)，试求：U_m、U、f、T 和 φ_u 各为多少。

◆ 已知交流电压为 $u_1=\sqrt{2}\times60\sin314t$ (V)，$u_2=\sqrt{2}\times80\sin\left(314t-\dfrac{\pi}{2}\right)$ (V)，将 u_1、u_2 用相量表示，并利用相量计算的相关知识写出 $u=u_1+u_2$ 的表达式。

任务二 熟悉交流电路中的电源

扫一扫

知识目标 ▶▶

★ 了解三相电源中线电压、相电压的定义及大小关系。
★ 熟悉常用单相正弦交流电源的电压与频率。

技能目标 ▶▶

★ 正确使用验电笔或万用表判断交流电源的相线和地线。
★ 正确安装四孔电源插座、两孔电源插座和三孔电源插座。

应用目标 ▶▶

★ 根据电气设备的额定电压正确选用正弦交流电源。
★ 正确选择家用电器的电源插座。

交流电路中的电源由交流发电机产生，然后经过一系列的变换和远距离输送，合理分配到各个用电部门。交流电源分为单相正弦交流电源（简称单相电源）和三相正弦交流电源（简称三相电源）两种类型，工矿企业的电机设备通常使用三相电源；日常生活用电，如照明、取暖和家用电器等使用三相交流电源中的一相，称为单相电源。

1. 三相电源

单相电源是三相电源的一部分，因此，从本质上讲，不管是生产用电还是生活用电，所用的电源都是三相电源。频率相同、幅值相同、相位彼此间相差120°的三相电源称为对称三相电源。任一瞬间对称三相电源三个电压的瞬时值或相量和为零。

三相电源插座接线如图2-6所示。

U、V、W 称为相线，N 称为地线。相线与相线之间的电压称为线电压，符号为 u_L。u_{UV}、u_{VW}、u_{WU} 分别表示 U-V、V-W、W-U 之间的线电压，其数值一般为380V，普通三相异步电动机的额定电压均为这个数值。相线与地线之间的电压称为相电压，符号为 u_P。u_U、u_V、u_W 分别表示 U-N、V-N、W-N 之间的相电压，其数值为220V。

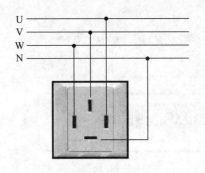

(a) 三相电源插座实物图　　(b) 三相电源插座接线图

图 2-6　三相电源插座接线

三相电源的特点如下。

① 三个相电压 u_U、u_V、u_W 大小相等，频率相同，相位相差 $120°$（u_U 超前 u_V，u_V 超前 u_W，u_W 超前 u_U）。

② 三个线电压 u_{UV}、u_{VW}、u_{WU} 大小相等，频率相同，相位相差 $120°$（u_{UV} 超前 u_{VW}，u_{VW} 超前 u_{WU}，u_{WU} 超前 u_{UV}）。

③ 线电压大小等于相电压的 $\sqrt{3}$ 倍，即 $U_L = \sqrt{3}U_P$，且线电压超前相对应的相电压 $30°$，即 u_{UV} 超前 u_U $30°$，u_{VW} 超前 u_V $30°$，u_{WU} 超前 u_W $30°$。

【例 2-4】 三相电源星形连接时，其相电压 $U_P = 220V$，$\omega = 314 \text{rad/s}$，写出电源的相电压和线电压的瞬时值表达式。

解　设 $u_U = \sqrt{2}U_P \sin\omega t = \sqrt{2} \times 220\sin 314t$ （V）

因为 u_V、u_W 和 u_U 大小相等，频率相同，相位相差 $120°$，则

$$u_V = \sqrt{2}U_P \sin(\omega t - 120°) = \sqrt{2} \times 220\sin(314t - 120°) \text{ （V）}$$

$$u_W = \sqrt{2}U_P \sin(\omega t + 120°) = \sqrt{2} \times 220\sin(314t + 120°) \text{ （V）}$$

根据线电压和相电压的大小和相位关系，有：

$$u_{UV} = \sqrt{2}U_L \sin(\omega t + 30°) = \sqrt{2} \times 380\sin(314t + 30°) \text{ （V）}$$

$$u_{VW} = \sqrt{2}U_L \sin(\omega t - 90°) = \sqrt{2} \times 380\sin(314t - 90°) \text{ （V）}$$

$$u_{WU} = \sqrt{2}U_L \sin(\omega t + 150°) = \sqrt{2} \times 380\sin(314t + 150°) \text{ （V）}$$

2. 单相正弦交流电源

单相电源插座分为两孔和三孔两种类型，其中两孔插座一般用于台灯、电视机、电话机等电器；三孔插座一般用于电冰箱、洗衣机、电风扇、电脑等功率较大或外壳带电的设备。图 2-7(a) 为家庭或实验室常用的单相电源插座板，其接线如图 2-7(b) 所示。图中 L 表示相线，也称火线，用验电笔测试将显示带电；N 表示地线，用验电笔测试将不显示带电。

单相电源通常直接由电网分配获得，我国电力系统使用的正弦交流电为工频交流电，频率 $f = 50\text{Hz}$，美国为 60Hz。因为正弦交流电的频率远高于人的眼睛能够感觉到的频率，所以，对于照明灯等用电设备，感觉不出其亮度的变化。

我国电力系统使用的单相正弦交流电电压约 $220V$，家用电器、小型机床等单相用电设备的额定电压通常为这个数值。

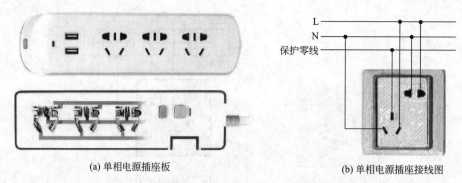

(a) 单相电源插座板　　　　　　　(b) 单相电源插座接线图

图 2-7　单相电源插座

想一想

- 为什么家庭交流用电设备都是并联连接？请观察几种电器的额定电压值，并进行分析。
- 家用电器为什么有的使用两孔电源插座，有的使用三孔电源插座？

做一做

- 利用万用表测量教室或宿舍的电源电压。
- 我国的两孔电源插座通常规定"左零右火"，请利用验电笔进行检测。
- 检查一两种家用电器使用的插座是否合适，插座的接线是否正确。

任务三　了解交流电路中的负载

扫一扫

知识目标 ▶▶

- ★ 熟悉电阻、电感、电容元件的电压、电流的大小和相位关系。
- ★ 了解感抗、容抗的意义及计算。

技能目标 ▶▶

- ★ 根据元件的电压、电流相位关系识别电阻、电感和电容。
- ★ 利用万用表识别电感、电容及其质量。
- ★ 应用示波器观察电阻、电感、电容的相位关系。

应用目标 ▶▶

- ★ 正确检测和使用电阻、电感、电容元件。

电路中的负载元件有电阻、电感和电容，在交流电路中，它们对电流都有一定的阻碍作用，但本质上有差别。电阻在交流电路中总是消耗电能；电感和电容都是储能元件，在交流电路中起能量转换的作用，不消耗电能。

1. 电阻元件

白炽灯、电炉等元件的性质主要是消耗电能，为了反映出它们的性质，抽象出了电阻元件的概念，简称电阻。"电阻"这个名词既表示电阻元件，也表示电阻值的大小。

电阻元件的外形如图 2-8 所示。

碳膜电阻　　贴片电阻　　　光敏电阻　　　可调电阻　　　金属膜电阻

图 2-8　电阻元件的外形

只包含电阻元件的交流电路称为纯电阻电路，如图 2-9 所示。

设 $i=\sqrt{2}I\sin(\omega t+\varphi_i)$，根据欧姆定律，有：

$$u=Ri=\sqrt{2}IR\sin(\omega t+\varphi_i)=\sqrt{2}U\sin(\omega t+\varphi_u) \tag{2-7}$$

比较电压 u 和电流 i 的表达式，可以得到以下结论。

① 电压、电流的频率相同。

② $U=IR$，$U_m=I_m R$，即电阻元件的电压和电流的有效值、最大值满足欧姆定律。

③ $\varphi_{ui}=\varphi_u-\varphi_i=0$，即电阻元件两端的电压和流过的电流同相。

电压、电流相量关系如图 2-10 所示。

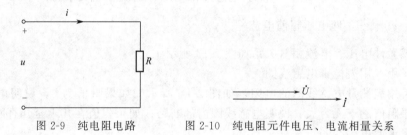

图 2-9　纯电阻电路　　　图 2-10　纯电阻元件电压、电流相量关系

【例 2-5】　已知电源电压的表达式为 $u=\sqrt{2}\times 220\sin 314t$（V），电炉的等效电阻 $R=50\Omega$，试写出通过电炉的电流的表达式。

解　因为　　$U=IR$　　$\varphi_{ui}=\varphi_u-\varphi_i=0$

所以　　　　$I=\dfrac{U}{R}=\dfrac{220}{50}=4.4$（A），$\varphi_i=\varphi_u=0$

所以　　　　$i=\sqrt{2}\times 4.4\sin 314t$（A）

2. 电感元件

(1) 电感元件及其电压与电流关系

电感元件主要指电感线圈，其外形如图 2-11 所示。

变压器、电动机的线圈、日光灯的镇流器等都是电感线圈。如果电感线圈的电阻值非常小，可以忽略不计，则线圈可以认为是纯电感线圈，将它与交流电源连接，就构成了纯电感电路，如图 2-12 所示。

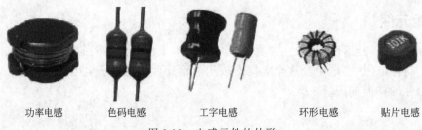

功率电感　　色码电感　　工字电感　　环形电感　　贴片电感

图 2-11　电感元件的外形

电感元件的电压、电流关系式为

$$u = L \frac{\mathrm{d}i}{\mathrm{d}t} \tag{2-8}$$

设 $i = \sqrt{2} I \sin(\omega t + \varphi_i)$，$u = \sqrt{2} U \sin(\omega t + \varphi_u)$，代入式(2-8)，得：

$$\sqrt{2} U \sin(\omega t + \varphi_u) = L \frac{\mathrm{d}}{\mathrm{d}t}[\sqrt{2} I \sin(\omega t + \varphi_i)] = \sqrt{2} \omega L I \sin\left(\omega t + \varphi_i + \frac{\pi}{2}\right)$$

比较 u 和 i 的表达式，可以得到以下结论。

① 电感元件电压、电流大小关系为：

$$U = \omega L I = X_L I$$

图 2-12　纯电感电路

其中 $X_L = \omega L = 2\pi f L$，称为感抗，单位是 Ω（欧姆），其大小与频率成正比，所以电感元件对高频电流有较大的阻碍，对低频电流阻碍较小。在直流电路中，电感元件感抗为 0，相当于短路。

② 电感元件电压、电流相位关系为：

$\varphi_u = \varphi_i + \frac{\pi}{2}$，即电压超前电流 $\frac{\pi}{2}$。

电感元件电压、电流相量关系如图 2-13 所示。

（2）用万用表检查电感线圈

用万用表测量电感线圈的电阻，如图 2-14 所示。如果阻值为 0，说明电感线圈内部短路；如果阻值趋于无穷大，说明电感线圈内部断路；如果阻值在几十至几百欧姆范围内，一般情况下说明电感线圈正常。

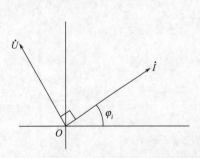

图 2-13　电感元件电压、电流相量关系

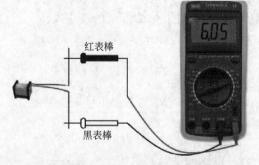

图 2-14　用万用表测量电感线圈的电阻

【例 2-6】 将一个 $L = 0.1\mathrm{H}$ 的线圈（电阻忽略不计）接到工频交流电源上，电源的表达式 $u = \sqrt{2} 220 \sin(314t)$ V，试写出线圈电流的表达式。

解 因为 $U=\omega LI$ $\varphi_u=\varphi_i+\dfrac{\pi}{2}$

所以 $I=\dfrac{U}{\omega L}=\dfrac{220}{314\times0.1}\approx7$ （A） $\varphi_i=\varphi_u-\dfrac{\pi}{2}=0-\dfrac{\pi}{2}=-\dfrac{\pi}{2}$

电流的表达式为 $i=\sqrt{2}\times7\sin\left(314t-\dfrac{\pi}{2}\right)$ （A）

【例 2-7】 20W 的日光灯镇流器工作时两端的电压为 198V，电流为 0.35A，如果忽略镇流器的电阻，求其电感 L。

解
$$X_L=\omega L=\dfrac{U}{I}=\dfrac{198}{0.35}=565.7\ (\Omega)$$

$$L=\dfrac{X_L}{\omega}=\dfrac{565.7}{314}\approx1.8\ (H)$$

3. 电容元件

(1) 电容元件及其电压、电流的关系

电容元件指理想化的电容器，即忽略电容器的漏电现象，也不考虑绝缘介质损耗的电容器。常用电容器外形如图 2-15 所示。

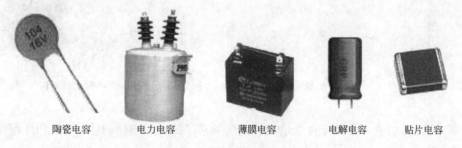

陶瓷电容　　电力电容　　薄膜电容　　电解电容　　贴片电容

图 2-15　常用电容器外形图

电容元件与交流电源连接，就构成了纯电容电路，如图 2-16 所示。

电容元件的电压、电流关系式为：

$$i=\dfrac{\mathrm{d}q}{\mathrm{d}t}=C\dfrac{\mathrm{d}u}{\mathrm{d}t} \quad (2\text{-}9)$$

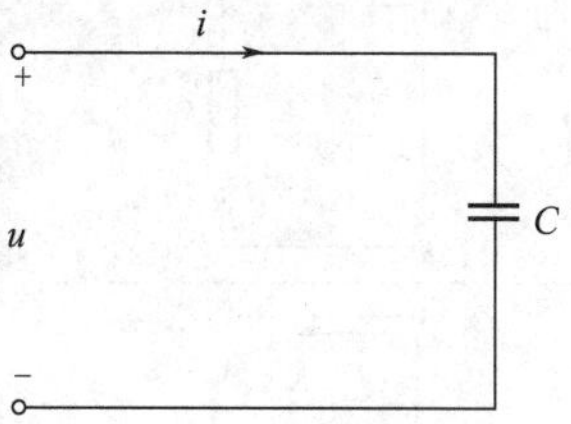

在电容元件两端加正弦电压，将有电流通过电容元件。设正弦交流电压、电流的表达式为：

$$u=\sqrt{2}U\sin(\omega t+\varphi_u)$$
$$i=\sqrt{2}I\sin(\omega t+\varphi_i)$$

图 2-16　纯电容电路

将电压、电流表达式代入式(2-9)，有：

$$\sqrt{2}I\sin(\omega t+\varphi_i)=C\dfrac{\mathrm{d}}{\mathrm{d}t}[\sqrt{2}U\sin(\omega t+\varphi_u)]=\sqrt{2}\omega CU\sin\left(\omega t+\varphi_u+\dfrac{\pi}{2}\right)$$

比较电压、电流的表达式，可以得出以下结论。

① 电容元件电压、电流大小关系为 $U=\dfrac{1}{\omega C}I=X_CI$，$\dfrac{1}{\omega C}$ 反映了电容元件对正弦电流的阻碍作用，称为电容电抗，简称容抗，用 X_C 表示。容抗 X_C 的单位是 Ω（欧姆），大小由 ω 和 C 决定。由于容抗与频率成反比，因此电容元件对低频电流阻碍作用大，对高频电流阻

碍作用小,电子线路中的旁路电容就是利用电容元件的这一特性。在直流电路中,电容元件相当于开路。

② 电容元件的电压、电流相位关系为 $\varphi_i = \varphi_u + \frac{\pi}{2}$,即电流超前电压 $\frac{\pi}{2}$。

电容元件电压、电流相量关系如图 2-17 所示。

(2) 用万用表判断电容器的质量

数字万用表很多具备测量电容器的功能,可以很容易测量电容的容量,与该电容的标称容量进行比较。如果测量的实际容量在额定误差范围内,说明该电容正常。如果实际容量与标称容量相差较大,说明该电容损坏。具体操作方法为:根据电容的标称容量,选择合适的电容档量程,将红表笔接电容正极(电解电容),黑表笔接负极(电解电容),此时万用表屏幕显示的数值即为电容此时的实际容量。如图 2-18 所示。

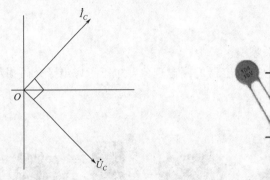

图 2-17 电容元件电压、电流相量关系

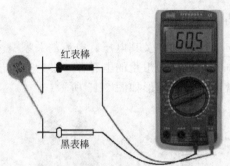

图 2-18 用万用表判断电容器的质量

归纳 R、L、C 单一参数元件的电压、电流关系(简称 VCR 特性),如表 2-1 所示。

表 2-1 R、L、C 单一参数元件 VCR 特性比较

电路	电压和电流的大小关系	相位关系	阻抗
（R 电路图）	$U = IR$ $I = \dfrac{U}{R}$	$\dot{U}$、$\dot{I}$ 同相	电阻 R
（L 电路图）	$U = I\omega L = IX_L$ $I = \dfrac{U}{\omega L} = \dfrac{U}{X_L}$	$\dot{U}$ 超前 $\dot{I}$ 90°	感抗 $X_L = \omega L$
（C 电路图）	$U = I\dfrac{1}{\omega C} = IX_C$ $I = U_C \omega C = \dfrac{U}{X_C}$	$\dot{I}$ 超前 $\dot{U}$ 90°	容抗 $X_C = \dfrac{1}{\omega C}$

想一想

◆ 比较电阻、电感、电容的相同点和不同点。

◆ 有一个"220V、50Hz"的电烙铁（纯电阻元件），接在220V、50Hz的交流电源上，流过电烙铁的电流为多少安培？如果电源电压降为200V，电烙铁的实际功率还会是100W吗？将变大还是变小？

◆ 有一个元件，用示波器观察其电压的波形为：$u = 311\sin 314t$（V），电流的波形为 $i = 2\sin(314t - 90°)$（A），请判断此元件的类型，计算其参数。

做一做

◆ 验证电容器的性质。

(1) 取耐压10V以上，容量50μF以上的电容器和1.5V电池1节，按图2-19(a)连接电路，合上开关S。可以观察到开关合上的瞬间，电流表指针缓慢地转过一个角度，然后又慢慢地回到零刻度。说明电路接通的瞬间，电路中有短暂电流（充电电流），而在稳定后，电路中没有电流通过。

(2) 用低频信号发生器代替电池，交流电流表代替直流电流表，如图2-19(b)所示。合上开关，观察电流表指针偏转情况。可以看到，电流表指针保持稳定，说明对于交流电，电容器能导能。

(3) 调节正弦信号发生器，使输出交流信号频率增加，观察此过程中电流表读数的变化。

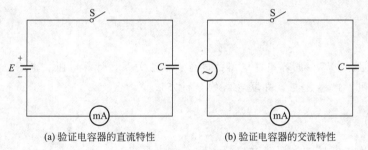

(a) 验证电容器的直流特性　　(b) 验证电容器的交流特性

图2-19　验证电容器的性质

◆ 验证电感线圈的性质。

(1) 取1.5V电池1节，普通电感线圈（电感几十毫安）1个，1A熔断器1个，按图2-20(a)连接电路，合上开关S。可以观察到电流表指针迅速偏转，然后马上回到零，熔断器马上熔断。说明电路中电流很大，电感线圈对于直流的电阻很小。

(2) 用低频信号发生器代替电池，交流电流表代替直流电流表，如图2-20(b)所示。合上开关，观察电流表指针偏转情况。可以看到电流表指针偏转到某一位置，熔断器未熔断，说明电感线圈对交流具有一定的阻碍作用。

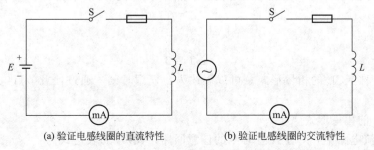

(a) 验证电感线圈的直流特性　　(b) 验证电感线圈的交流特性

图2-20　验证电感线圈的性质

(3) 调节正弦信号发生器,使输出交流信号频率增加,观察此过程中电流表读数的变化。

◆ 利用实验室的仪器设备,比较精确地测量电阻、电感、电容元件的电阻、电感系数和电容量。

练一练

◆ 将 $C=10\mu F$ 的电容元件接在电压 $u=311\sin(314t+45°)$ (V) 的电源上,试求:
(1) 电容元件的容抗;
(2) 电容元件电流的有效值;
(3) 写出电流瞬时值表达式。

◆ 半导体收音机中的高频扼流圈(电阻忽略不计,近似纯电感元件)的电感 $L=2.5mH$,流过扼流圈的电流 $i=5\mu A$,频率为 $850kHz$。求此扼流圈的感抗和扼流圈两端的电压。

任务四 分析、计算单相正弦交流电路

扫一扫

知识目标 ▶▶

★ 熟悉电阻、电感、电容串联电路的电压、电流关系,计算电阻、电感、电容串联电路。
★ 掌握电阻、电感、电容并联电路的分析方法。

技能目标 ▶▶

★ 连接电阻、电感、电容串联电路和简单的并联电路。

应用目标 ▶▶

★ 利用串联电路的谐振知识,分析收音机接收无线电信号的工作原理。

正弦交流电路的计算比直流电路复杂,因为电路中的各物理量不仅有大小的关系,还有相位的关系。计算正弦交流电路的主要依据是基尔霍夫定律。

(1) KCL 的相量形式

正弦交流电路中,对于任意时刻的任意节点,KCL 的表达式为:

$$\sum i = 0$$

写成相量形式为:

$$\sum \dot{I} = 0 \tag{2-10}$$

式(2-10)称 KCL 的相量形式。可以表述为:任意时刻,通过任意节点电流相量的代数和恒等于零。

(2) KVL 的相量形式

在正弦交流电路中,对于任意时刻的任意回路,KVL 的表达式为:

$$\sum u = 0$$

写成相量形式为：
$$\sum \dot{U} = 0 \quad (2-11)$$

式(2-11)称为 KVL 的相量形式。可以表述为：任意时刻，任意回路中各段电压相量的代数和恒等于零。

相量法是分析和求解正弦交流电路的有效工具。通常，对于串联电路分析计算，选取支路电流为参考相量；对于并联电路的分析计算，选取并联支路电压为参考相量。然后，根据 KCL 和 KVL 定理进行各相量运算。

1. 分析、计算串联电路

(1) R、L、C 串联电路

图 2-21 为电阻、电感、电容元件（简称 R、L、C）串联交流电路。

设电流 i 的表达式为：
$$i = \sqrt{2}\, I \sin\omega t$$

根据 R、L、C 元件电压与电流的关系，u_R、u_L、u_C 的表达式为：
$$u_R = \sqrt{2}\, IR \sin\omega t$$
$$u_L = \sqrt{2}\, I X_L \sin\left(\omega t + \frac{\pi}{2}\right), X_L = \omega L$$
$$u_C = \sqrt{2}\, I X_C \sin\left(\omega t - \frac{\pi}{2}\right), X_C = \frac{1}{\omega C}$$

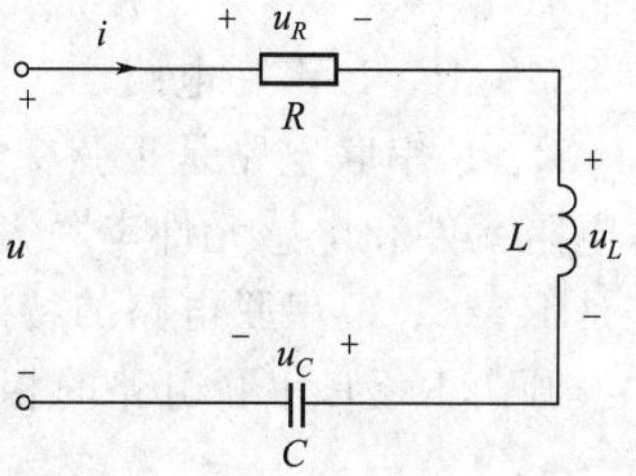

画出 i 与 u_R、u_L、u_C 的相量图，如图 2-22(a) 所示。

图 2-21　R、L、C 串联交流电路

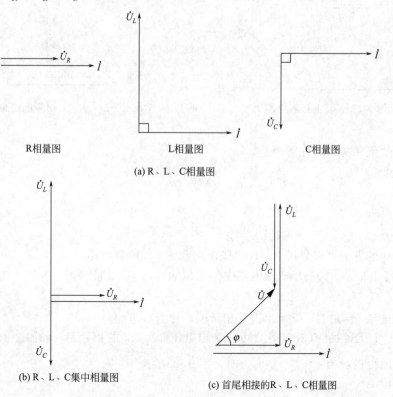

(a) R、L、C 相量图

(b) R、L、C 集中相量图

(c) 首尾相接的 R、L、C 相量图

图 2-22　R、L、C 串联电路相量图

将电路中的各相量集中在一个相量图上，如图 2-22(b) 所示。

根据 KCL 的相量形式，$\dot{U} = \dot{U}_R + \dot{U}_L + \dot{U}_C$。相量相加的方法是：将各相量首尾相接，然后将第一个相量的首端与最后一个相量的尾端相连，即为和相量，如图 2-22(c) 所示。

从图 2-22(c) 可以看出：

$$U = \sqrt{U_R^2 + (U_L - U_C)^2}, \quad \varphi = \arctan \frac{U_L - U_C}{U_R}$$

将 $U_R = IR$、$U_L = IX_L$、$U_C = IX_C$ 代入上式，可得：

$$U = I\sqrt{R^2 + (X_L - X_C)^2}, \quad \varphi = \arctan \frac{X_L - X_C}{R}$$

令 $Z = \sqrt{R^2 + (X_L - X_C)^2}$，称为串联电路的总阻抗，表示串联电路阻碍交流电流通过的能力；$\varphi = \arctan \dfrac{X_L - X_C}{R}$ 称为电路的阻抗角，表示总电压超前总电流的角度。

(2) R、L 串联电路

R、L 串联电路是正弦交流电路中最常见的电路，电动机电路或日光灯电路都可以看作是电阻元件和电感元件串联，如图 2-23 所示。分析和计算 R、L 串联电路时，可以将它看作是 R、L、C 串联电路的特殊情况，将与电容相关的量去掉（令 $X_C = 0$，$U_C = 0$）即可。

画出 R、L 串联电路的相量图，如图 2-24 所示。

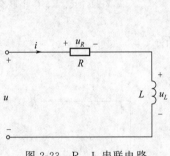

图 2-23 R、L 串联电路

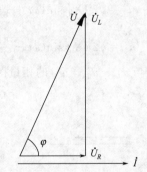

图 2-24 R、L 串联电路相量图

电压有效值和初相角分别为：

$$U = I\sqrt{R^2 + X_L^2}, \quad \varphi = \arctan \frac{X_L}{R}$$

电路阻抗为：

$$Z = \sqrt{R^2 + X_L^2}$$

采用同样的方法可以分析 R、C 串联电路和 L、C 串联电路。

【例 2-8】 如图 2-25(a) 所示电路中，电压表 V_1、V_2 的读数都是 50V，试计算电压表 V 的读数。

解 设电流 $i = \sqrt{2} I \sin\omega t$，画出其相量图，作为参考相量。

根据 R、L 元件的 VCR 特性，可以画出电压 u_1、u_2 的相量图，如图 2-25(b) 所示。

从相量图可以看出：$U = \sqrt{U_1^2 + U_2^2} = 50\sqrt{2}$ V

所以电压表 V 的读数为 $50\sqrt{2}$ V。

显然，$U \neq U_1 + U_2$，说明在正弦交流电路中，有效值不满足基尔霍夫定律。

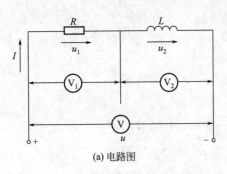
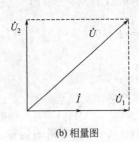

(a) 电路图　　　　　　　　　　(b) 相量图

图 2-25　[例 2-8] 电路图与相量图

【例 2-9】 把一个线圈 G（等效为电阻 r 和电感 L 串联）与一个电阻 R 串联后接入 220V 的工频电源上。测得电阻 R 两端的电压为 140V，线圈两端的电压为 130V，电流为 2.5A，试求线圈的参数 r、L。

解　已知 $U=220\text{V}$，$U_G=130\text{V}$，$U_R=140\text{V}$，$I=2.5\text{A}$，画出线圈与电阻 R 的相量图，如图 2-26 所示。

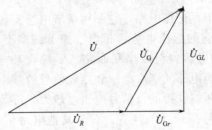

图 2-26　[例 2-9] 相量图

由相量图可以看出：$\sqrt{U_{Gr}^2+U_{GL}^2}=130$，$\sqrt{(140+U_{Gr})^2+U_{GL}^2}=220$

解方程可得：$U_{Gr}=42.5$，$U_{GL}=122.86$

所以　$r=\dfrac{U_{Gr}}{I}=\dfrac{42.5}{2.5}=17$（Ω），$L=\dfrac{U_{GL}}{I\omega}=\dfrac{122.86}{2.5\times 314}=156.5\times 10^{-3}=156.5$（mH）

【例 2-10】 图 2-27(a) 所示的电路中，$R=2\text{k}\Omega$，输入电压频率 $f=1000\text{Hz}$，要想使输出电压 u_0 比输入电压 u_{in} 超前 60°，求电容 C 的大小。

解　根据题意，画出电路的相量图，如图 2-27(b) 所示。

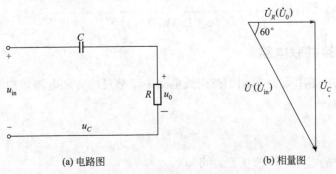

(a) 电路图　　　　　　　　　　(b) 相量图

图 2-27　[例 2-10] 电路图与相量图

从相量图可以看出：$\tan 60° = \dfrac{U_C}{U_R} = \dfrac{X_C}{R}$

有 $X_C = R\tan 60° = 2\times\sqrt{3} \approx 3.5$ (kΩ)，

因为 $X_C = \dfrac{1}{\omega C}$

所以 $C = \dfrac{1}{\omega X_C} = \dfrac{1}{2\pi \times 1000 \times 3.5 \times 10^3} = 0.05 \times 10^{-6} = 0.05$ (μF)

(3) R、L、C 串联电路的讨论

① $X_L > X_C$ 时，$U_L > U_C$。此时 $\varphi_{iu} > 0$，表明总电压 u 超前电流 i φ_{iu} 角，电感的作用大于电容的作用，为电感性电路。

② $X_L < X_C$ 时，$U_L < U_C$，此时 $\varphi_{iu} < 0$，表明电流 i 超前总电压 u φ_{iu} 角，电容的作用大于电感的作用，为电容性电路。

③ $X_L = X_C$ 时，$U_L = U_C$，此时 $\varphi_{iu} = 0$，表明电流 i 与总电压 u 同相位，电感的作用和电容的作用互相抵消，为电阻性电路，也称谐振电路。这时电路中的阻抗等于电阻值，$Z = R$。外加电压 u 与电阻上的电压 u_R 相等，$u = u_R$。

收音机的输入回路就是串联谐振电路，它利用调节电容实现谐振。各电台发射的无线电波都将在天线线圈中激起微弱的感应电势，相当于加了许多不同频率的信号源，并与线圈（等效为 R、L 串联电路）和电容器组成串联回路。要接收某电台信号时，可调节电容 C，改变输入回路的固有频率。当电路的固有频率和接收信号的频率相同时，接收信号将在回路中激起最强的电流，电容器两端获得的该信号电压也最大，再经过变频、检波、放大等电路处理，扬声器就发出了该信号所传送的声音。对于其他电台信号，因与输入回路未发生谐振，在天线线圈中激起的电流非常微弱，相当于没有接收到它们。

【例 2-11】 某收音机输入回路可简化为 R、L、C 串联电路。线圈电感 $L = 250 \mu H$，电容 C 为可变电容器。要使该输入回路接收信号的频率范围为 535～1605 kHz，试计算电容器 C 的变化范围。

解 输入回路发生串联谐振时，$X_L = X_C$

所以 $\omega_0 L = \dfrac{1}{\omega_0 C}$，$C = \dfrac{1}{\omega_0^2 L} = \dfrac{1}{(2\pi f_0)^2 L}$

当 $f_1 = 535 \times 10^3$ Hz 时，$C_1 = \dfrac{1}{(2\pi \times 535 \times 10^3)^2 \times 250 \times 10^{-6}} = 354.4$ (pF)

当 $f_2 = 1605 \times 10^3$ Hz 时，$C_2 = \dfrac{1}{(2\pi \times 1605 \times 10^3)^2 \times 250 \times 10^{-6}} = 39.3$ (pF)

2. 分析、计算并联电路

电感性负载与电容并联是单相正弦交流电路中最常见的并联电路，如图 2-28 所示。

设电源电压为：

$$u = \sqrt{2} U \sin\omega t$$

根据电容元件的电压、电流关系，可得：

$$i_C = \sqrt{2} \dfrac{U}{X_C} \sin\left(\omega t + \dfrac{\pi}{2}\right)$$

根据 R、L 串联电路的电压、电流关系可知：电压 u 超前电流 i_1，因此，可假设 i_1 的表达式为：

$$i_1 = \sqrt{2} I_1 \sin(\omega t - \varphi_1)$$

其中 $I_1 = \dfrac{U}{\sqrt{R^2 + X_L^2}}$，$\varphi_1 = \arctan \dfrac{X_L}{R}$

则电阻和电感两端电压的表达式为：

$$u_R = \sqrt{2} I_1 R \sin(\omega t - \varphi_1)$$

$$u_L = \sqrt{2} I_1 X_L \sin\left(\omega t - \varphi_1 + \dfrac{\pi}{2}\right)$$

画出相量图，如图 2-29 所示。

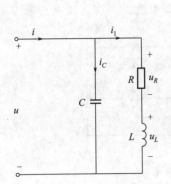

图 2-28 电感性负载与电容并联电路

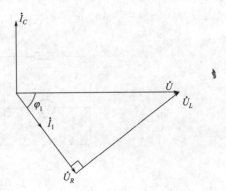

图 2-29 电感性负载与电容并联电路相量图

【例 2-12】 如图 2-30(a) 所示电路中，已知电流表 A_1、A_2 的读数都是 10 A，试计算电流表 A 的读数。

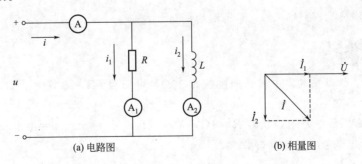

(a) 电路图　　　　(b) 相量图

图 2-30 电阻、电感并联电路

解 设端电压 $u = \sqrt{2} U \sin \omega t$，作为参考相量，画出其相量图。

则根据 R、L 元件的 VCR 特性，可以画出并联支路电流 i_1、i_2 的相量图，如图 2-30(b) 所示。

则 $I = \sqrt{I_1^2 + I_2^2} = 10\sqrt{2}$ A

所以电流表 A 的读数为 $10\sqrt{2}$ A。

议一议

◆ R、L、C 串联电路的一般分析方法是怎样的？能否以 R、L、C 串联电路的分析结果为基础，得到纯电阻、纯电感、纯电容和电阻与电感串联、电阻与电容串联、电感与电容串联等电路的相量图和电压、电流之间的关系呢？

◆ 日光灯实验时，某同学测得电源电压为 220V，镇流器两端电压为 195V，灯管两管的电压为 60V，请问此实验数据有可能准确吗？

想一想

◆ R、C 串联电路和 L、C 串联电路的相量图怎样画？分析它们的电压和电流的关系。

◆ 由两个元件串联组成的正弦交流电路中，测得两元件上的电压分别为 60V 和 80V，而总电压为 100V，请问此电路是否满足 KVL？

◆ 如图 2-31 所示电路中，电压表 V_1、V_2、V_3 的读数都是 10V，求电压表 V 的读数。

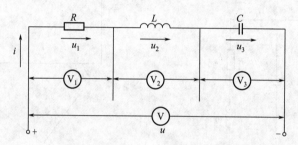

图 2-31　R、L、C 串联电路（一）

做一做

◆ 通过双踪示波器观察电阻、电感、电容串联电路的电压、电流的波形，请特别注意电压、电流的相位关系。

◆ 设计实验步骤，测试一个电感线圈的电阻和电感。

练一练

◆ 在 R、L、C 串联电路中，已知阻抗为 10Ω，电阻为 6Ω，感抗为 20Ω，试问容抗的大小有几种可能，其值各为多少？

◆ 如图 2-32 所示电路中，已知 $R=4\Omega$，$X_L=8\Omega$，$X_C=5\Omega$，$u=141\sin\omega t$（V），求 i、u_R、u_L、u_C，并作电压、电流的相量图。

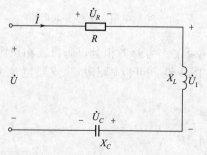

图 2-32　R、L、C 串联电路（二）

任务五 计算电功率

知识目标

★ 熟悉有功功率、无功功率的意义及计算方法。
★ 了解提高功率因数的意义和方法。

技能目标

★ 使用功率表,测量电路的有功功率。

应用目标

★ 了解学校配电间电容柜的作用。

1. 瞬时功率

交流电路中的电压、电流都是随时间变化的正弦量。瞬时功率指电压、电流瞬时值的乘积,用小写字母 p 表示。

$$p = ui \tag{2-12}$$

令 $i = \sqrt{2}I\sin\omega t$,$u = \sqrt{2}U\sin(\omega t + \varphi)$

则

$$p = ui = \sqrt{2}U\sin(\omega t+\varphi)\sqrt{2}I\sin\omega t = UI\cos\varphi - UI\cos(2\omega t + \varphi) \tag{2-13}$$

从式(2-13)可以看出:瞬时功率有两个分量,第一个为恒定量,第二个为正弦量,其频率是电压或电流频率的两倍。

瞬时功率还可以改写为

$$p = UI\cos\varphi(1-\cos 2\omega t) + UI\sin\varphi\sin 2\omega t \tag{2-14}$$

式(2-14)中第一项始终大于或等于零,它是瞬时功率中不可逆的部分;第二项是瞬时功率中可逆的部分,其值正负交替,这说明能量在外施电源与二端网络之间来回交换。

2. 有功功率

瞬时功率随时间变化,无实用意义。通常所说的交流电路的功率是指瞬时功率在一个周期内的平均值,称为有功功率,用大写字母 P 表示。

$$P = \frac{1}{T}\int_0^T p\,dt = \frac{1}{T}\int_0^T UI[\cos\varphi - \cos(2\omega t + \varphi)]dt = UI\cos\varphi \tag{2-15}$$

有功功率的单位为 W(瓦),代表电路实际消耗的功率,$\cos\varphi$ 称为电路的功率因数,用 λ 表示。

$$\lambda = \cos\varphi$$

因此,φ 也称为功率因数角,其数值和阻抗角相等,为电压超前电流的角度。纯电阻元件、纯电感元件、纯电容元件的功率因数角 φ 分别为:0、$\dfrac{\pi}{2}$ 和 $-\dfrac{\pi}{2}$。

对于纯电阻元件，$P=U_R I=I^2 R=\dfrac{U_R^2}{R}$，总是大于0，说明电阻元件在电路中总是消耗功率。

对于纯电容元件和纯电感元件，其 $\cos\varphi=0$，因此有功功率为零，说明电感元件和电容元件在电路中不消耗功率。

3. 无功功率

电路中的电感、电容等储能元件不消耗有功功率，它们只与电源进行能量交换。无功功率指能量交换的最大速率，也就是瞬时功率可逆部分的最大值。无功功率用大写字母 Q 表示，单位为乏（Var）。

$$Q=UI\sin\varphi \tag{2-16}$$

电阻、电感、电容元件的无功功率分别为：

$$Q_R=0$$

$$Q_L=U_L I_L=\omega L I_L^2=\dfrac{U_L^2}{\omega L}$$

$$Q_C=U_C I_C=\omega C U_C^2=\dfrac{1}{\omega C}I_C^2$$

"无功"的含义是没有交换，而不是没有消耗。不能把"无功"误解为无用。生产实践中，无功功率占有很重要的地位，例如，具有电感的变压器、电动机等，都依靠电磁转换变换电压、将电能转换成机械能。

无功功率可以通过无功功率表测量，无功功率表形状和接线与有功功率表相似，只是面板上的"W"改为"Var"。

4. 视在功率

电路端口电压有效值与电流有效值的乘积称为电路的视在功率，它表示电气设备的额定容量，用大写字母 S 表示，单位为 V·A（伏安）。

$$S=UI \tag{2-17}$$

有功功率 P、无功功率 Q、视在功率 S 在数值上满足直角三角形关系，称功率三角形，如图 2-33 所示。

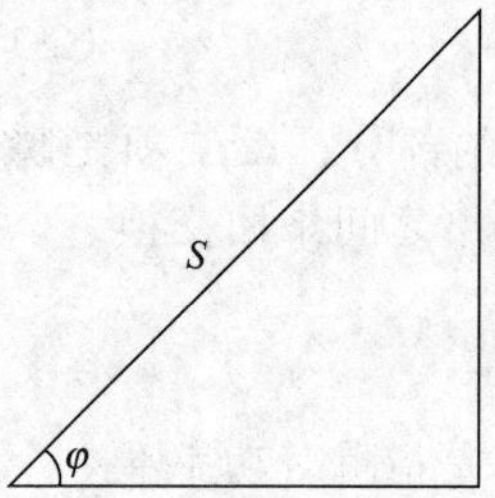

5. 功率因数及其意义

正弦交流电路中，有功功率与视在功率的比值称为功率因数，用 λ 表示。

$$\lambda=\cos\varphi=\dfrac{P}{S} \tag{2-18}$$

图 2-33 功率三角形

常用的正弦交流电路中的负载多为感性负载，功率因数角 φ 较大，功率因数较低，使供电线路呈现一些问题。

（1）供电设备的容量不能充分利用

在供电设备容量 S（即视在功率）一定情况下，

$$P=S\cos\varphi \tag{2-19}$$

$\cos\varphi$ 越低，有功功率 P 越小，设备的容量得不到充分利用，如一台容量为 75000kV·A 的发电机，若电路的功率因数 $\cos\varphi=1$，则可发出 75000kW 的有功功率；若 $\cos\varphi=0.7$，发电机只能发出 $75000\times 0.7=52500$（kW）的有功功率，发电机输出功率的能力不能充分利用,其中有一部分能量(无功功率)在发电机与负载之间传递。

(2) 增加了供电设备和输电线路的功率损耗

将电源设备的视在功率 $S=UI$ 代入式(2-19)可得

$$P=UI\cos\varphi$$

$$I=\frac{P}{U\cos\varphi}$$

在负载消耗的有功功率 P 和电压 U 一定的情况下,功率因数 $\cos\varphi$ 越低,供电线路电流 I 越大,使供电设备和输电线路的功率损耗增大,这部分功率将以热能形式散发掉。

基于以上原因,需要提高感性负载的功率因数,常用的方法是给感性负载并联合适的电容器,利用电容器的无功功率补偿电感所需无功功率,达到提高功率因数的目的,配电部门常用电容柜进行功率补偿,如图 2-34 所示。

【例 2-13】 用三表法测量一个线圈的参数,如图 2-35 所示,得下列数据:电压表的读数为 50V,电流表的读数为 1A,功率表的读数为 30W,试求该线圈的参数 R 和 L(电源的频率为 50Hz)。

图 2-34 电容柜

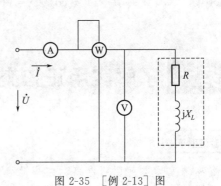

图 2-35 [例 2-13] 图

解 根据 $P=I^2R$,则 $R=\dfrac{P}{I^2}=\dfrac{30}{1^2}=30$(Ω)

因为 $U=I\sqrt{R^2+X_L^2}$

所以 $50=1\sqrt{30^2+X_L^2}$

求得 $X_L=40\Omega$,$L=\dfrac{X_L}{\omega}=\dfrac{40}{314}=0.127$(H)

议一议

◆ 有人说有功功率就是在电路中起作用的功率,无功功率就是不起作用或没有用的功率,这种说法对吗?

◆ 有功功率的计算值有没有可能为负值?无功功率的计算值中的"+"和"-"代表的意义是什么?

◆ 一台电炉,由于使用时间过长,电阻丝被烧断了,于是某同学将它连接好继续使用,此时,电炉的功率会变化吗?怎样变化?

想一想

- 理想情况下，电阻、电感、电容上的有功功率、无功功率分别是多少？
- 提高电路的功率因数有什么意义？如何提高感性负载的功率因数？
- 日光灯电路可以等效为电阻与电感的串联，如果在日光灯两端并联一个电容器，请问整个电路的有功功率和无功功率有没有变化？如果有，将怎样变化？

做一做

- 观察电风扇、电灯等用电设备的额定功率，说明其意义。

练一练

- R、L、C 串联电路中，已知 $R=4\Omega$，$X_L=8\Omega$，$X_C=5\Omega$，$u=141\sin\omega t$（V），计算电路的有功功率、无功功率和视在功率。
- 将一个感性负载接到 110V、50Hz 的交流电源时，电路中的电流为 10A，消耗功率 $P=600\text{W}$，求负载的功率因数 $\cos\varphi$、电阻 R 和感抗 X_L。

任务六 了解实用正弦交流电路

知识目标 ▶▶

★ 熟悉室内电气照明电路的组成及各设备的作用。
★ 熟悉日光灯的组成及工作原理。
★ 正确分析电热毯、电饭煲的控制电路。

技能目标 ▶▶

★ 正确连接、检查室内电气照明电路，能够处理简单故障。
★ 正确连接日光灯电路，能够对简单故障进行分析和处理。

应用目标 ▶▶

★ 正确安装和使用室内电气照明电路。
★ 正确使用日光灯、电热毯、电饭煲等常用的家用电器，能够进行简单的故障诊断和维护。

1. 室内电气照明电路

（1）室内电气照明电路的组成

室内电气照明电路指通过各种灯具的闭合电路，通常由电能表、灯具、开关、插座组成，如图 2-36 所示。电能表用于记录室内电气照明电路消耗的电能；灯具将电能转变成光能，最常用的灯具有白炽灯和日光灯，其中日光灯的发光效率比较高；插座有两孔插座和三孔插座，两孔插座通常用于台灯、电视机、充电器等电器，三孔插座通常用于洗衣机、电冰箱、空调等金属外壳或功率较大的电气设备。

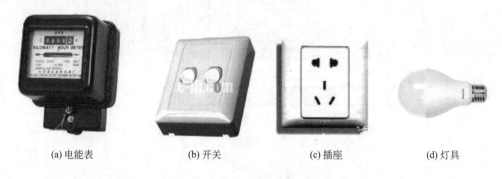

(a) 电能表　　　　(b) 开关　　　　(c) 插座　　　　(d) 灯具

图 2-36　室内电气照明电路的组成

（2）测量电能

电能表是专门用来记录电路消耗电能的仪表，电能的单位为 kW·h（千瓦时），通常称为"度"，所以电能表俗称电度表。

家用电能表的外形与接线如图 2-37 所示。接线时应注意 L 端（相线，俗称火线）和 N 端（地线）的区别，如果电能表的"1"端接 L 线，则输出端"2"为 L 端，其连接线为 L 线。

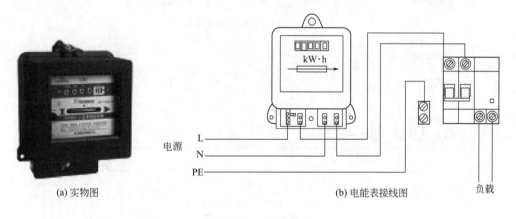

(a) 实物图　　　　　　　　　　(b) 电能表接线图

图 2-37　家用电能表

（3）室内电气照明电路的接线

室内电气照明电路的接线首先要通过电能表，然后再经过一个总开关，便于控制。灯具和开关串联连接后接到电源两端，插座并联到电源两端连接。

电能表的接线如图 2-38 所示。应注意 L 端（相线，俗称火线）和 N 端（地线）的区别，如果电能表的"1"端接 L 线，则输出端"2"为 L 端。

双控开关可以使用两个开关控制一盏灯，很多家庭已经使用，其原理与接线如图 2-39 所示。

室内电气照明电路接线原理如图 2-40 所示。

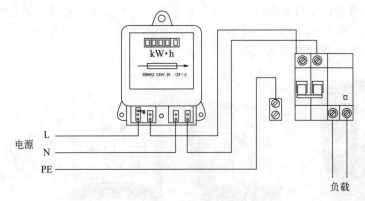

图 2-38 电能表接线

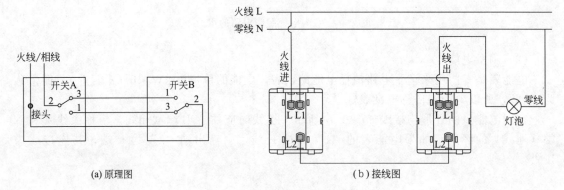

图 2-39 双控开关原理与接线

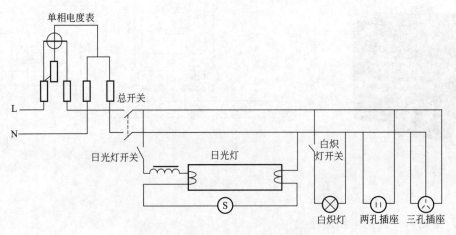

图 2-40 室内电气照明电路接线原理

2. 日光灯电路

日光灯电路由灯管、起辉器和镇流器三部分组成。

灯管：用玻璃管制成，内壁上涂有一层荧光粉，管内充有少量水银蒸气和惰性气体，两端装有受热易于发射电子的灯丝。在电路中，灯管相当于一个纯电阻元件。

起辉器：内有一个充有氖气的玻璃泡，并装有两个电极，其中一个由受热易弯曲的双金属片制成。日光灯亮后，起辉器将不起作用。

镇流器：主要结构就是一个铁芯线圈，为感性负载，相当于 R、L 串联电路，在电路中起限流作用。启动时可产生一个较高的自感电动势，使灯管放电导通。

日光灯电路的原理图和等效电路如图 2-41 所示。

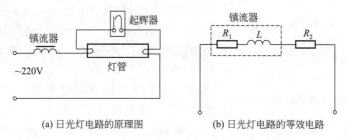

(a) 日光灯电路的原理图　　(b) 日光灯电路的等效电路

图 2-41　日光灯电路

将日光灯灯管接到 220V 交流电源上，使用交流电压表测量镇流器和灯管两端的电压，如图 2-42 所示。

电压表的读数近似为：
$$V_1{}^{❶}=185V，V_2=87V$$

由实验数据可以看出：
$$V_1+V_2\neq 220V$$

这表明：日光灯电路的各电压的有效值不满足 KVL。

3. 电热毯电路

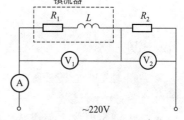

图 2-42　日光灯电路电压的测量

普通型（二极管调温型）电热毯的电路如图 2-43 所示。

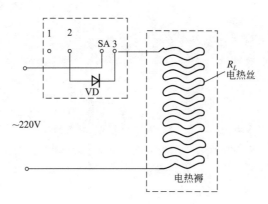

图 2-43　二极管调温型电热毯电路

电热毯电路采用串联二极管的方法进行调压，具有高温、低温两挡温度可以选择。其工作原理如下。

当转换开关 SA 位于"1"时，电热丝处于断电状态，不发热。当 SA 位于"3"时，电热丝直接与电源相接，电热毯以设计的额定功率发热，此时电热毯工作在高温挡。当 SA 位于"2"时，电源经二极管 VD 半波整流后供给电热丝，电热毯的发热功率仅为额定功率的 $\dfrac{1}{2}$，为低温挡，从而达到了调温的目的。

---

❶ 此实验数据仅供参考，实验设备不同，其值会有比较大的差异。

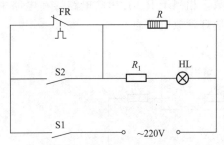

图 2-44 自动保温电饭煲的控制电路

4. 电饭煲电路

自动保温电饭煲的控制电路如图 2-44 所示。图中 S1 为电源开关；S2 为由磁性温控元件控制开关，动作温度为 101～106℃，不能自动复位；FR 为双金属温控器的动断触点，控制温度为 (65±5)℃。

煮饭时，闭合电源开关 S1，此时位于电饭煲底部中心的磁性温控元件被抬高，吸附于锅底，开关 S2 闭合，发热板（R）接在 220V 电源上，加热锅内食物。当温度上升到 65℃时，双金属温控器的动断触点 FR 断开，磁性温控元件失去磁性而落下，将触点 S2 断开，发热板 R 断电而停止工作，随之温度下降，S2 不能自动复位。当温度下降到 65℃以下时，双金属温控器的动断触点 FR 又闭合，继续加热，当温度上升到 65℃时，又断开。如此反复通断，使锅内温度保持在 65℃左右。如果不需要保温，可切断电源。

议一议

◆ 常用的室内电气照明电路通常由哪些元件或设备组成？每个元件或设备的作用是什么？在电路中如何连接？

◆ 日光灯由哪些元件组成？每个元件的组成是什么？实验时，某同学测得电源电压为 220V，镇流器两端电压为 195V，灯管两管的电压为 60V，请问此实验数据有可能准确吗？

想一想

◆ 普通型电热毯调温的原理是什么？

◆ 分析电饭煲控制电路的工作原理。

做一做

◆ 收集一些常用小家电的资料，了解它们的控制电路的工作原理。

◆ 安装一个室内电气照明电路，要求包括电能表、白炽灯、日光灯、开关和单相电源插座等设备。

练一练

◆ 图 2-45 为双联开关控制的照明电路，试分析工作原理。

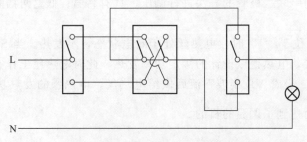

图 2-45 双联开关控制的照明电路

任务七 计算三相正弦交流电路

扫一扫

知识目标 ▶▶

★ 掌握相电压、线电压、相电流、线电流、对称负载、不对称负载等基本概念。
★ 掌握对称三相正弦交流电路的计算方法。
★ 了解不对称三相正弦交流电路的计算方法。

技能目标 ▶▶

★ 连接星形负载和三角形负载。
★ 测量三相电功率。
★ 连接三相电能表。

应用目标 ▶▶

★ 了解学校配电系统的基本原理与组成。
★ 正确使用三相功率表和电能表。

1. 计算对称三相正弦交流电路

（1）三相正弦交流电路的基本概念

三相负载：负载需三相电源供电，通常功率稍大的负载均为三相负载，如三相交流电动机、大功率三相电炉、三相整流装置等。

对称三相负载：如果三相负载完全相同，称为对称三相负载，如三相交流电动机。

不对称三相负载：如果三相负载不完全相同，称为不对称三相负载。

三相负载的连接方式有三角形（△）连接和星形（Y）连接。无论采用哪种连接方式，负载两端的电压称负载的相电压，两条相线之间的电压称为线电压；通过每相负载的电流称为相电流，负载从相线上取用的电流称为线电流。

（2）计算负载Y接的对称三相电路

① 如图2-46所示，负载的三个末端连成一个公共端点，与电源中性点N相连，负载另三个端点通过导线与电源的端点U、V、W相连，就构成了星形连接，简称Y接。

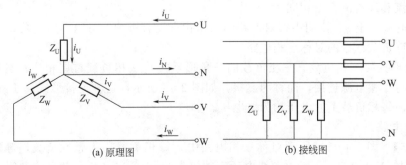

(a) 原理图   (b) 接线图

图2-46 三相负载Y接

负载Y接时，每相负载上的电压均为相电压，$U_Z=U_P$；每相负载通过的电流等于线电流，$I_L=I_Z$。

② 计算负载Y接的对称三相电路

【例 2-14】 图 2-47(a) 所示对称三相电路中，每相负载均为感性负载，等效电阻 $R=6\Omega$，等效感抗 $X_L=8\Omega$，工频电源线电压有效值为 380V，求各相负载电流和中线电流。

解 分析电路可知，U 线、Z_U 负载和 N 线构成了回路，U 线和 N 线之间的电压为相电压，大小为 220V，其等效电路如图 2-47(b) 所示。

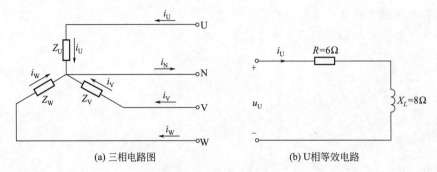

(a) 三相电路图　　(b) U相等效电路

图 2-47　[例 2-14] 图

根据 R、L 串联电路的电压与电流的关系

$$U=I\sqrt{R^2+X_L^2},\quad \varphi=\arctan\frac{X_L}{R}$$

可得：$I_U=\dfrac{U_U}{\sqrt{R^2+X_L^2}}=\dfrac{220}{\sqrt{6^2+8^2}}=22$（A），$\varphi=\arctan\dfrac{X_L}{R}=\arctan\dfrac{8}{6}=53.1°$

即 U 相电流的大小为 22A，U 相电流滞后 U 相电压 53.1°。

如果假设：$u_U=\sqrt{2}U_P\sin\omega t=\sqrt{2}\times220\sin314t$ (V)

则：$i_U=\sqrt{2}\times22\sin(314t-53.1°)$ (A)

同理可分析并得出 V 相电流和 W 相电流的表达式。

$$i_V=\sqrt{2}\times22\sin(314t-173.1°)\ （A）$$

$$i_W=\sqrt{2}\times22\sin(314t+66.9°)\ （A）$$

根据 KCL，中线电流为：

$$i_N=i_U+i_V+i_W=0$$

结论：负载Y接的对称三相电路有如下特点。

a. 各相电流频率相同，大小相等，相位相差 120°。

b. 相电流和线电流完全相同。

c. 中线电流等于 0。说明中线对电路的工作状态没有影响，可以不用连接。

(3) 计算负载△接的对称三相电路

① 三角形连接三相负载。三相负载的三角形连接将三相负载首尾相连，然后将三个连接点引出，与三相电源连接，简称为△接，如图 2-48 所示，这种连接形式属于三相三线制。负载△接时，每相负载上的电压均为线电压。

② 计算电路。

【例 2-15】 图 2-49(a) 所示对称三相电路中，每相负载均为感性负载，等效电阻 $R=6\Omega$，等效感抗 $X_L=8\Omega$，工频电源线电压有效值为 380V，求各相负载电流和线电流。

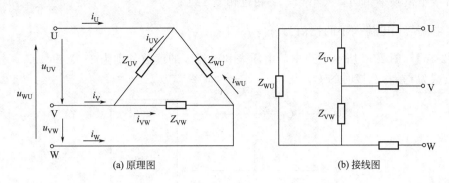

(a) 原理图　　　　　　　　　　　(b) 接线图

图 2-48　三相负载△接

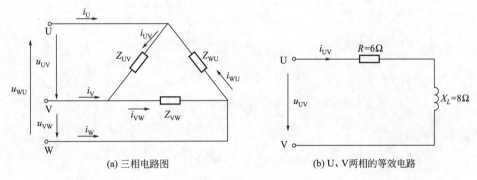

(a) 三相电路图　　　　　　　　　(b) U、V 两相的等效电路

图 2-49　[例 2-15] 电路图

解　分析电路可知，U 线、Z_{UV} 负载和 V 线构成了回路，U 线和 V 线之间的电压为线电压，大小为 380V，其等效电路如图 2-49(b) 所示。

根据 R、L 串联电路的电压与电流的关系

$$U = I\sqrt{R^2 + X_L^2}, \quad \varphi = \arctan\frac{X_L}{R}$$

可得：$I_{UV} = \dfrac{U_{UV}}{\sqrt{R^2 + X_L^2}} = \dfrac{380}{\sqrt{6^2 + 8^2}} = 38$（A），$\varphi = \arctan\dfrac{X_L}{R} = \arctan\dfrac{8}{6} = 53.1°$

即负载 Z_{UV} 上的电流 i_{UV} 的有效值为 38A，电流 i_{UV} 滞后电压 u_{UV} 53.1°。

如果假设：$u_{UV} = \sqrt{2}U_L \sin\omega t = \sqrt{2} \times 380\sin 314t$（V）

则：$i_{UV} = \sqrt{2} \times 38\sin(314t - 53.1°)$（A）

同理可分析并得出电流 i_{VW} 和电流 i_{WU} 的表达式。

$$i_{VW} = \sqrt{2} \times 38\sin(314t - 173.1°) \text{（A）}$$

$$i_{WU} = \sqrt{2} \times 38\sin(314t + 66.9°) \text{（A）}$$

根据 KCL，可得线电流 i_U 的表达式为：

$$i_U = i_{UV} - i_{WU} = \sqrt{2} \times 38\sin(\omega t - 53.1°) - \sqrt{2} \times 38\sin(\omega t + 66.9°)$$

$$= \sqrt{2} \times 66\sin(314t - 83.1°) \text{（A）}$$

同理可得：$i_V = \sqrt{2} \times 66\sin(314t - 23.1°)$（A），$i_W = \sqrt{2} \times 66\sin(314t + 36.9°)$（A）

结论：负载△接的对称三相电路有如下特点。

a. 各相电流频率相同，大小相等，相位相差 120°。

b. 各线电流频率相同，大小相等，相位相差 120°。

c. 线电流与相电流大小的比值为 $\frac{66}{38}=\sqrt{3}$。

【例 2-16】 图 2-50 所示电路中，电压表和电流表的读数分别为 380V 和 10A。分别求对称三相负载为Y接和△接时的 U_P 及 U_L。

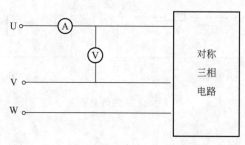

图 2-50 ［例 2-16］图

解 当负载为Y接法时

$$U_L=\sqrt{3}U_P, \quad I_L=I_P$$

则：$U_P=\frac{380}{\sqrt{3}}=220 \text{ (V)}, \quad I_P=I_L=10\text{A}$

当负载为△接法时

$$U_L=U_P, \quad I_L=\sqrt{3}I_P$$

则：$U_P=U_L=380\text{V} \quad I_P=\frac{10}{\sqrt{3}}=5.77 \text{ (A)}$

2. 计算不对称三相正弦交流电路

三相电路中的电源或负载有一项不对称，称为不对称三相正弦交流电路（简称不对称三相电路）。

电工技术中，电源通常是对称的，因此，不对称三相电路主要由负载不对称造成，例如，各相负载（如照明、电炉、单相电动机等）分配不均匀、电力系统发生故障（短路或断路等）都将出现不对称情况。

不对称三相电路的分析和计算完全依据复杂单相正弦交流电路的方法进行。

【例 2-17】 电路如图 2-51(a) 所示，$R=5\Omega$，$X_L=10\Omega$，$X_C=20\Omega$，接在线电压为 380V 的工频电源上，求各相负载的电流。

解 画出 U 相、V 相、W 相的等效电路，分别如图 2-51(b)、图 2-51(c) 和图 2-51(d) 所示。

设：$u_U=\sqrt{2}\times220\sin\omega t$

则：$u_V=\sqrt{2}\times220\sin(\omega t-120°)$

$u_W=\sqrt{2}\times220\sin(\omega t+120°)$

对于 U 相电路，根据纯电阻电路的电压与电流的关系，有：

$$I_U=\frac{U_U}{R}=\frac{220}{5}=44 \text{ (A)}, \quad \varphi_u-\varphi_i=0$$

所以

$$i_U=\sqrt{2}\times44\sin\omega t \text{ (A)}$$

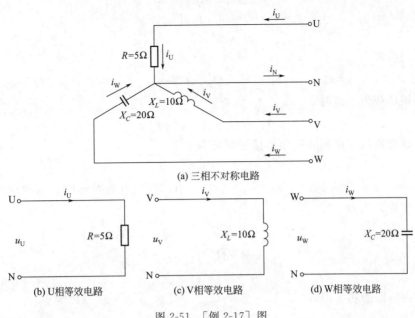

图 2-51 [例 2-17] 图

对于 V 相电路，根据纯电感电路的电压与电流的关系，有：

$$I_V = \frac{U_V}{X_L} = \frac{220}{10} = 22 \text{ (A)}, \quad \varphi_i = \varphi_u - 90° = -210°$$

所以 $i_V = \sqrt{2} \times 22 \sin(\omega t - 210°) = \sqrt{2} \times 22 \sin(\omega t + 150°)$ (A)

对于 W 相电路，根据纯电容电路的电压与电流的关系，有：

$$I_W = \frac{U_W}{X_C} = \frac{220}{20} = 11 \text{ (A)}, \quad \varphi_i = \varphi_u + 90° = 120° + 90° = 210°$$

所以 $i_W = \sqrt{2} \times 11 \sin(\omega t + 210°) = \sqrt{2} \times 11 \sin(\omega t - 150°)$ (A)

3. 计算、测量三相电功率

（1）计算三相电功率

三相电路不管是否对称，其有功功率和无功功率都分别为各相的有功功率和无功功率之和。

三相电路的有功功率为

$$P = P_U + P_V + P_W = U_U I_U \cos\varphi_U + U_V I_V \cos\varphi_V + U_W I_W \cos\varphi_W \quad (2\text{-}20)$$

三相电路的无功功率为

$$Q = Q_U + Q_V + Q_W = U_U I_U \sin\varphi_U + U_V I_V \sin\varphi_V + U_W I_W \sin\varphi_W \quad (2\text{-}21)$$

三相电路的视在功率为

$$S = \sqrt{P^2 + Q^2} \quad (2\text{-}22)$$

其中各电压、电流分别为 U、V、W 三相的相电压和相电流，φ_U、φ_V、φ_W 为 U、V、W 三相的功率因数角。

负载对称时，由于各相电流、相电压、功率因数角大小都相等，用 U_P、I_P、φ 分别表示任意一相负载的相电压、相电流、功率因数角，则三相总的有功功率、无功功率和视在功率可用式(2-23)~式(2-25)分别求得

$$P = 3U_P I_P \cos\varphi \tag{2-23}$$
$$Q = 3U_P I_P \sin\varphi \tag{2-24}$$
$$S = 3U_P I_P \tag{2-25}$$

对称三相负载为Y接时

$$U_L = \sqrt{3} U_P, \quad I_L = I_P$$

对称三相负载为△接时

$$U_L = U_P, \quad I_L = \sqrt{3} I_P$$

所以，对称负载在星形和三角形接法时皆有

$$U_L I_L = \sqrt{3} U_P I_P \tag{2-26}$$

将式(2-26)分别代入到式(2-23)～式(2-25)中，得到负载对称时，用线电压、线电流表示的功率计算公式为

$$P = \sqrt{3} U_L I_L \cos\varphi \tag{2-27}$$
$$Q = \sqrt{3} U_L I_L \sin\varphi \tag{2-28}$$
$$S = \sqrt{3} U_L I_L \tag{2-29}$$

对称三相电路的功率因数

$$\lambda = \frac{P}{S} = \frac{\sqrt{3} U_L I_L \cos\varphi}{\sqrt{3} U_L I_L} = \cos\varphi \tag{2-30}$$

三相电路中，测量线电压和线电流比较方便，因此在计算对称三相电路的功率时，不论是星形连接还是三角形连接，常用线电压、线电流表示功率计算公式。

三相电路的瞬时功率等于各相瞬时功率的总和。

$$p = p_U + p_V + p_W = u_U i_U + u_V i_V + u_W i_W \tag{2-31}$$

可以证明在对称三相电路中

$$p = p_U + p_V + p_W = \sqrt{3} U_L I_L \cos\varphi = P \tag{2-32}$$

式(2-32)表明，与单相交流电路的瞬时功率相比，对称三相电路的瞬时功率是恒定的常数，数值上等于有功功率。这种情况下运行的发电机和电动机的机械转矩（机械转矩 $M \propto p$）是恒定的，避免了机械振动，这是对称三相电路的一个优越性能。

【例 2-18】 已知三相对称负载为感性负载，三角形连接，每相的等效电阻 $R = 80\Omega$，感抗 $X_L = 60\Omega$，电源的线电压 $U_L = 380\text{V}$，求三相电路的有功功率 P、无功功率 Q 和视在功率 S。

解 对称三角形负载的相电压等于线电压，线电流大小是相电流的 $\sqrt{3}$ 倍，则相电流

$$I_P = \frac{U_P}{\sqrt{R^2 + X_L^2}} = \frac{380}{\sqrt{80^2 + 60^2}} = 3.8 \text{ (A)}$$

线电流

$$I_L = \sqrt{3} I_P = \sqrt{3} \times 380 = 6.58 \text{ (A)}$$

$$\cos\varphi = \frac{R}{\sqrt{R^2 + X_L^2}} = \frac{80}{\sqrt{80^2 + 60^2}} = 0.8$$

$$\sin\varphi = \frac{X_L}{\sqrt{R^2 + X_L^2}} = \frac{60}{\sqrt{80^2 + 60^2}} = 0.6$$

三相电路总的有功功率 P、无功功率 Q、视在功率 S 分别为：

$$P = \sqrt{3} U_L I_L \cos\varphi = \sqrt{3} \times 380 \times 6.58 \times 0.8 = 3465 \text{ (W)}$$

$$Q = \sqrt{3}U_L I_L \sin\varphi = \sqrt{3} \times 380 \times 6.58 \times 0.6 = 2598 \text{ (Var)}$$
$$S = \sqrt{3}U_L I_L = \sqrt{3} \times 380 \times 6.58 = 4331 \text{ (V·A)}$$

(2) 测量三相电功率和电能

① 测量三相电功率　三相电功率的测量方法主要有一表法、两表法和三表法。

a. 一表法。一表法适用于对称三相电路，此时，三相电功率为功率表读数的 3 倍，电路如图 2-52 所示。

b. 两表法。适用于三相三线制电路，不论负载是否对称，也不管负载是Y接还是△接，都可采用两表法测量有功功率，其电路如图 2-53 所示。

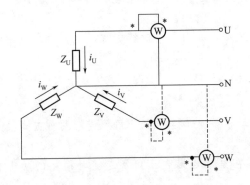

图 2-52　一表法测量三相电功率

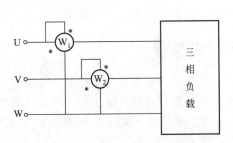

图 2-53　两表法测量三相电功率

两个功率表的电流线圈分别串入两端线（图中为 U、V 两端线）中，它们的电压线圈的非电源端（即无*端）共同接到非电流线圈所在的第 3 条端线（图中示为 W 端线）上。此时，三相总功率 $P_\text{总} = P_1 + P_2$。若线路中功率表指针出现反偏，应将功率表电流线圈的两个端子调换，其读数应记为负值。

② 三相电能的测量　在三相四线制线路中，通常采用三元件的三相电能表，如果线路上的电流超过电流表的量程，需经过电流互感器将电流变小，接线原理如图 2-54 所示。

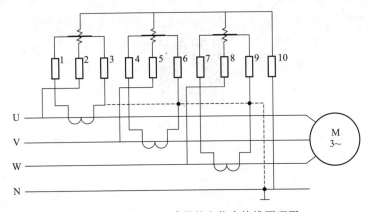

图 2-54　带电流互感器的电能表接线原理图

议一议

◆ 某居民小区突然出现一部分用电设备的电压特别高，很多灯具和电器被烧坏；而一部分用电设备的电压特别低，如白炽灯的发光明显变暗，电风扇、洗衣机的转速明显变慢的现象，这可能是什么原因造成的呢？

想一想

◆ 下列结论中，哪个是正确的？哪个是错误的？为什么？
(1) 负载星形连接时，必须要中线；
(2) 负载星形连接时，不论负载对称与否，线电流一定等于相电流；
(3) 负载三角形连接时，线电流一定等于相电流的$\sqrt{3}$倍；
(4) 三相对称负载，不论是三角形连接还是星形连接，三相有功功率均可按$P=\sqrt{3}U_\mathrm{L}I_\mathrm{L}\cos\varphi_\mathrm{P}$计算。

◆ 三个阻抗相同的负载，先后接成星形和三角形，并由同一对称电源供电，试比较两种接线方式的相电流哪个大，线电流哪个大。

做一做

◆ 三相交流电动机为三相对称负载，请将电动机按星形连接和三角形连接两种方式接入三相交流电源，观察两种接线方式时的转速。

◆ 使用功率表、电能表测量三相交流电动机在星形连接和三角形连接时消耗的功率和电能。

练一练

◆ 三相对称负载三角形连接，线电压为380V，线电流为17.3A，三相总功率为4.5kW。求每相负载的电阻和感抗。

◆ 三相电炉每相电阻$R=8.68\Omega$，求：
(1) 三相电阻星形连接，接在$U_\mathrm{L}=380\mathrm{V}$的对称电源上，电炉从电网吸收多少功率？
(2) 三相电阻三角形连接，接在$U_\mathrm{L}=380\mathrm{V}$的对称电源上，电炉从网吸收的功率又是多少？

模块二 习题解答

模块三 变压器

变压器是一种静止的电气设备,它利用电磁感应原理将某一数值的交流电转换为同一频率另一数值的交流电。

任务一 了解变压器

扫一扫

> **知识目标** ▶▶
>
> ★ 了解变压器在电力系统和日常生活中的应用。
> ★ 熟悉变压器的基本结构。

> **技能目标** ▶▶
>
> ★ 通过测量绕组电阻的方法判断变压器的高压侧和低压侧。

> **应用目标** ▶▶
>
> ★ 认识电力变压器和直流稳压电源中的小功率变压器。
> ★ 生产实践和日常生活中,正确使用变压器。

1. 变压器的应用

变压器具有变换电压、电流和阻抗的功能,是电力系统的重要设备,在电能的传输、分配和安全使用上意义重大;在电气控制系统、电子技术领域、焊接技术领域,变压器也起着举足轻重的作用。

(1) 变压器在电力系统的应用

电力传输时,如果输送的功率及负载功率因数一定,电压越高,输电线路上的电流就越小,线路压降和能量损耗越小,可以减小输电线的截面积,节省材料。因此,输电时需要利用变压器升高电压。而在用电时,为了保证用电安全,满足用电设备的要求,又利用变压器降低电压,如图 3-1 所示。

电气测量时,利用仪用变压器(电压互感器、电流互感器)的变压、变流作用,可以扩

图 3-1 变压器在电力系统中的应用

大交流电压、电流的测量范围。

电子设备中,应用变压器提供多种数值的电压,也可以通过变压器耦合电路传送信号,实现阻抗匹配。

(2) 变压器在日常生活中的应用

电源适配器又叫外置电源,是手机、手提电脑等小型便携式电子设备的供电电压变换设备,如图 3-2 所示。变压器是直流稳压电源和手机充电器中体积最大、最重要的部件。其工作原理如图 3-3 所示。

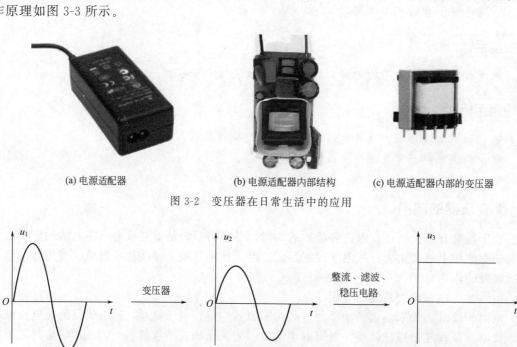

图 3-2 变压器在日常生活中的应用

图 3-3 变压器的工作原理

2. 变压器的基本结构

变压器主要由铁芯和绕组两个基本部分组成，对于电力变压器，还有油箱、绝缘套管等辅助设备。

（1）铁芯

是变压器的磁路部分，由铁芯柱（柱上套装绕组）、铁轭（连接铁芯，以形成闭合磁路）组成，其结构如图3-4所示。

小型变压器铁芯截面为矩形或方形；大型变压器铁芯截面为阶梯形，目的是充分利用空间。

铁芯通常采用0.35mm厚的硅钢片叠成，片与片之间进行绝缘，目的是减小涡流和磁滞损耗，提高磁路的导磁性。国产低损耗节能变压器均采用冷轧晶粒取向硅钢片，表面采用氧化膜绝缘。

铁芯的基本形式有心式和壳式两种，如图3-5所示。

图3-4 变压器铁芯　　　　图3-5 变压器的铁芯形式

心式变压器的特点是绕组包围铁芯，结构比较简单，适用于电压较高的情形。我国生产的单相和三相电力变压器多采用心式结构铁芯。

壳式变压器的特点是绕组被铁芯包围，散热比较容易，机械强度比较高，适用于电流较大的情形，如电焊变压器、电炉变压器等，小容量的电源变压器也采用壳式结构铁芯。

（2）绕组

绕组是变压器的电路部分，采用铜线或铝线绕制而成。装配时，低压绕组靠近铁芯，高压绕组套在低压绕组外面，高、低压绕组间设置油道（或气道），以加强绝缘和散热。高、低压绕组两端到铁轭之间都要衬垫端部绝缘板。

小容量变压器的绕组一般用有绝缘的漆包线绕制，容量稍大的变压器的绕组则用扁铜线或扁铝线绕制。

根据高压绕组和低压绕组的相对位置，变压器可分为同心式和交叠式两种形式，如图3-6所示。

同心式变压器的高、低压绕组同心地套装在铁芯柱上，为了便于绝缘，一般将低压绕组套在里层，高压绕组套在外层。低压绕组与铁芯之间、低压绕组与高压绕组之间进行绝缘。同心式绕组的结构简单，制造方便，国产电力变压器均采用这种结构。

交叠式的高压绕组和低压绕组都做成饼状，交替地套在铁芯柱上，一般将低压绕组靠近铁轭。通常用于低电压、大电流的电焊变压器和电炉变压器。

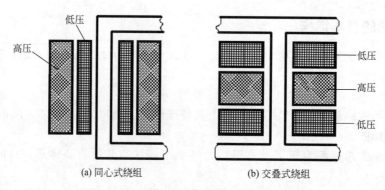

(a) 同心式绕组　　　　(b) 交叠式绕组

图 3-6　绕组形式

议一议

◆ 列举几个常见的包含变压器的设备，说明变压器在其中的作用。

想一想

◆ 变压器是电磁结合最典型的电气设备，请根据变压器的主要结构进行理解。
◆ 制作变压器铁芯的材料是铁吗？为什么大型变压器的铁芯通常做成 E 型、F 型等不规则形状？

做一做

◆ 打开一个废弃的手机充电器或直流稳压电源，了解变压器的作用，观察变压器的结构，判断变压器的类型。
◆ 用目测的方法判断电力变压器的高压侧和低压侧。
◆ 用测量绕组电阻的方法判断中、小型变压器的高压侧和低压侧。

任务二　熟悉变压器

扫一扫

知识目标 ▶▶

★ 掌握变压器的工作原理。
★ 了解变压器的外特性及意义。
★ 计算变压器的电压调整率。

技能目标 ▶▶

★ 测试变压器的变压比。
★ 测试变压器的运行特性，判断变压器的性能。

应用目标 ▶▶

★ 正确使用变压器。

★ 了解变压器负载对输出电压的影响，解释用电过程中电压波动的现象。

1. 变压器的基本工作原理

在同一铁芯上分别绕有匝数为 N_1 和 N_2 的两个高、低压绕组，其中连接电源，从电网吸收电能的 AX 绕组称为一次绕组；连接负载，并向外电路输出电能的 ax 绕组称为二次绕组。

当一次绕组外加电压 u_1 时，一次侧形成电流 i_1，并在铁芯中产生与 u_1 同频率的交变主磁通 ϕ_m，主磁通同时链绕一次绕组和二次绕组。根据电磁感应定律，会在一次绕组和二次绕组中产生感应电势 e_1、e_2。二次侧在 e_2 的作用下产生负载电流 i_2，向负载输出电能，如图3-7所示。

从变压器的工作原理图可以看出：变压器一次绕组从交流电源吸收电能，传递到二次绕组，供给负载，铁芯中的磁通是能量传递的中介。事实证明，变压器只能传递电能，而不能产生电能；只能改变交流电压或电流的大小，不改变交流电的频率。在变压器进行能量传递的过程中，电流与电压大小的乘积保持不变，即 $U_1 I_1 \approx U_2 I_2$。

（1）变压器的空载运行原理

变压器空载运行也称无载运行，指一次侧加电源电压，二次侧不接任何负载的运行状况，如图3-8所示。

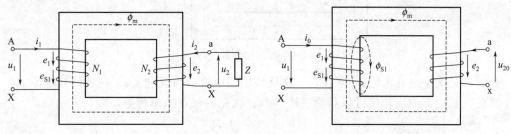

图3-7 变压器工作原理图　　　　图3-8 变压器空载运行

N_1、N_2 分别为一次绕组和二次绕组的匝数；u_1 为电源电压；i_0 为一次侧空载电流；$i_0 N_1$ 为空载磁势，用 F_0 表示；ϕ_m、ϕ_{S1} 分别为主磁通和漏磁通；e_1、e_{S1}、e_2 分别为一次侧感应电势、漏感电势和二次侧感应电势；u_{20} 为二次侧空载电压。空载运行时变压器的工作过程如下：

$$u_1 \to i_0 \begin{cases} i_0 N_1 = F_0 \to \phi_m \begin{cases} e_1 = -N_1 \dfrac{d\phi}{dt} \\ e_2 = -N_2 \dfrac{d\phi}{dt} \to u_{20} \end{cases} \\ \phi_{S1} \to e_{S1} = -N_1 \dfrac{d\phi_{S1}}{dt} \end{cases}$$

漏磁通 ϕ_{S1} 只占主磁通的 $0.1\% \sim 0.2\%$。忽略漏磁通 ϕ_{S1} 和一次绕组内阻 r_1，有：

$$U_1 = E_1 \tag{3-1}$$
$$U_2 = U_{20} = E_2 \tag{3-2}$$

根据式(3-1)和式(3-2)，结合变压器工作过程的分析，可得：

$$\frac{U_1}{U_2} = \frac{U_1}{U_{20}} = \frac{E_1}{E_2} = \frac{N_1}{N_2} = K_U \tag{3-3}$$

K_U 称为变压比,是变压器最重要的参数之一。由式(3-3) 可知:变压器的电压与匝数成正比。根据这一结论,实验时可以通过观察变压器绕组的匝数或测量变压器绕组的等效电阻、等效阻抗的办法判断高压绕组和低压绕组。匝数多,等效电阻、等效阻抗大的绕组为高压绕组;反之,匝数少,等效电阻、等效阻抗较小的绕组为低压绕组。对于电力变压器,还可以通过观察其绝缘端子判断,绝缘端子多,且体积大的一端为高压侧;绝缘端子相对少,并且体积小的一端为低压侧。

变压比 $K_U>1$ 时,二次侧电压小于一次侧电压,为降压变压器;当变压比 $K_U<1$ 时,为升压变压器。

(2) 变压器的负载运行原理

变压器一次绕组接电源电压,二次绕组与负载连接的工作方式称为负载运行,如图 3-9 所示。

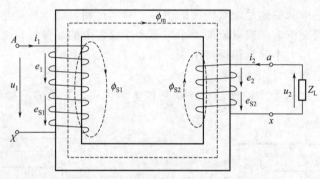

图 3-9 变压器负载运行

此时,二次绕组有电流 i_2 通过,一次绕组中的电流由空载电流 i_0 变为负载电流 i_1。如果忽略变压器内部的损耗,可以认为一次侧和二次侧的视在功率相等,即:

$$U_1 I_1 = U_2 I_2$$

$$\frac{U_1}{U_2} = \frac{I_2}{I_1} = \frac{N_1}{N_2} = K_U \tag{3-4}$$

由式(3-4) 可知:变压器不仅可以变换电压,而且还可以变换电流,电流的大小与变压器绕组的匝数成反比。高压绕组匝数多,电流小,绕组所用的导线较细,接线端子较小;低压绕组则匝数少,电流大,绕组所用的导线较粗,接线端子较大。

【例 3-1】 一台手提式行灯变压器,铭牌上标有:$100\text{V} \cdot \text{A}$,$220\text{V}/24\text{V}$ 等数据,求:变压比;额定负载时的一次绕组和二次绕组中的电流。

解 变压器的额定容量 $\quad S_N = U_{1N} I_{1N} = U_{2N} I_{2N}$

变压比 $\quad K_U = \dfrac{U_{1N}}{U_{2N}} = \dfrac{220}{24} \approx 9.2$

一次绕组额定电流 $\quad I_{1N} = \dfrac{S_N}{U_{1N}} = \dfrac{100}{220} = 0.45 \text{ (A)}$

二次绕组额定电流 $\quad I_{2N} = \dfrac{S_N}{U_{2N}} = \dfrac{100}{24} \approx 4.2 \text{ (A)}$

或 $\quad I_{2N} = K_U I_{1N} = 9.2 \times 0.45 \approx 4.1 \text{ (A)}$

【例 3-2】 一台单相照明变压器,$S_N = 10\text{kV} \cdot \text{A}$,$\dfrac{U_{1N}}{U_{2N}} = \dfrac{3300}{220}$,负载为 220V、40W 的白炽灯,求:变压器满载时可接多少盏白炽灯?

解 变压器二次侧额定电流 $I_{2N} = \dfrac{S_N}{U_{2N}} = \dfrac{10000}{220} \approx 45.4$ （A）

一盏白炽灯的额定电流 $I_Z = \dfrac{P_N}{U_N} = \dfrac{40}{220} \approx 0.18$ （A）

可接白炽灯的数量 $N = \dfrac{I_{2N}}{I_Z} = \dfrac{45.4}{0.18} \approx 252$ （盏）

2. 变压器的运行特性

对于用电负载，变压器相当于一个交流电源，其输出电压的大小随负载电流的变化而变化，这一特性称为变压器的外特性。

（1）变压器的外特性和电压调整率

实际变压器内部存在漏阻抗，负载有电流通过时，漏阻抗上就会产生电压降，使输出电压变化。将输出电压随负载电流变化的规律称为变压器的外特性，如图 3-10 所示。

可以看出：变压器的外特性与负载性质有关。实际应用中，负载性质一般为感性，所以，随着负载电流的增加，变压器的输出电压会略有下降。

电压随负载电流变化的程度可用电压调整率 $\Delta U\%$ 表示。

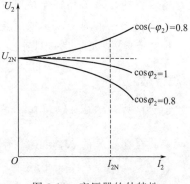

图 3-10　变压器的外特性

$$\Delta U\% = \dfrac{U_{2N} - U_2}{U_{2N}} \times 100\% = \dfrac{\Delta U}{U_{2N}} \times 100\% \tag{3-5}$$

式中，U_{2N} 为变压器空载（$I_2 = 0$）时二次绕组的电压，也称为变压器的额定电压；U_2 为变压器额定负载（$I_2 = I_{2N}$）时变压器的输出电压。

电压调整率反映了变压器电压的稳定性，是变压器重要的性能指标。对于电力变压器，由于其一次绕组、二次绕组的电阻和漏阻抗都很小，额定负载时，电压调整率约为 4%～6%。但当负载功率因数 $\cos\varphi$ 下降时，电压调整率会明显增大。因此，提高企业供电的功率因数，也有减小电压波动的作用。

【例 3-3】 有一台变压器接通负载后，二次绕组的输出电压为 5700V，电压调整率为 4.8%，试计算：二次绕组的额定电压 U_{2N}。

解 根据 $\Delta U\% = \dfrac{U_{2N} - U_2}{U_{2N}} \times 100\%$

得 $U_{2N} = \dfrac{U_2}{1 - \Delta U\%} = \dfrac{5700}{1 - 4.8\%} = 5987.4$ （V）

我国电力技术政策规定，35kV 以上的电压，允许偏差 ±5%；10kV 以下高压供电和动力供电，允许偏差为 ±7%；低压照明设备允许偏差为 −10%～+5%。

（2）变压器的效率及效率特性

变压器的损耗主要包括铁损和铜损。铁损指铁芯的损耗，与负载大小无关，是不变损耗，数值等于变压器的空载损耗 $P_0 \approx P_{Fe}$，铜损包括一次绕组、二次绕组的铜损，它与负载电流的平方成正比，与负载有关。

变压器的效率为：

$$\eta = \frac{P_2}{P_1} = \frac{P_1 - \sum P}{P_1} = 1 - \frac{\sum P}{P_2 + \sum P} \qquad (3\text{-}6)$$

式中，$\sum P = P_{Fe} + P_{Cu}$ 是变压器的总损耗；P_1 为变压器的输入功率；P_2 为变压器的输出功率。

变压器是静止的电气设备，没有机械损耗，通常效率比较高，中、小型变压器效率在95%以上，大型电力变压器的效率可以达到99%以上。

议一议

◆ 在家中，常感觉到这样的现象，晚上十二点至早上六点这段时间，照明灯好像更亮一些，请根据变压器的外特性说明原因。

◆ 学校配电间的变压器额定电压为10kV/400V，而变压器的负载三相异步电动机的额定电压为380V，请问电动机能够正常工作吗？

想一想

◆ 变压器是变换交流电压的电气设备，如果将它接到直流电源上，会有什么结果？

◆ 一台变压器的 $N_1 = 1000$ 匝，$N_2 = 500$ 匝，能不能根据公式 $\frac{U_1}{U_2} = \frac{N_1}{N_2}$，设定 $N_1 = 10$ 匝，$N_2 = 5$ 匝？

◆ 一台电力变压器，二次侧额定电压为400V，额定负载时，测得二次测电压为380V，请问此变压器的电压调整率是多少？

做一做

◆ 测试变压器的变压比。

◆ 设计实验电路和实验步骤，测试变压器的外特性。

练一练

◆ 一台220V/36V的行灯变压器，已知 $N_1 = 1100$ 匝，求二次绕组匝数。如果在二次侧接一盏36V、100W的白炽灯，问一次电流为多少（忽略空载电流和漏阻抗压降）？

◆ 有一台单相照明变压器，容量为2kV·A，电压为380V/36V，现在低压侧接上36V、100W的白炽灯，使变压器在额定状态下工作，问能接多少盏？此时，一次侧和二次侧的电流为多少？

任务三 应用变压器

知识目标

★ 熟悉电力变压器和小功率变压器的应用。

★ 熟悉多绕组变压器、互感器、自耦变压器的结构特点。

★ 掌握电压互感器、电流互感器的工作原理和接线方法。

> 技能目标

★ 正确连接电压互感器、电流互感器。
★ 利用钳形电流表测量变压器一次侧和二次侧的电流。

> 应用目标

★ 正确选用和使用小功率电源变压器。
★ 正确使用电压互感器、电流互感器。
★ 正确使用自耦变压器。

1. 电力变压器

图 3-11(a) 为电力系统的一种结构图，其中 B_1、B_2、B_3 均为电力变压器，图 3-11(b) 为电力变压器的外形图。

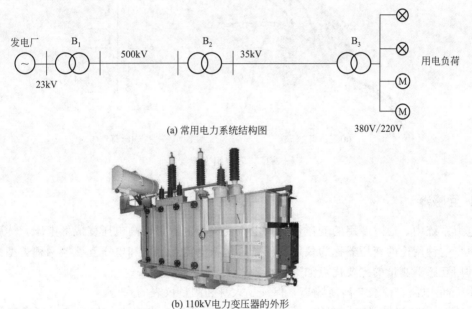

(a) 常用电力系统结构图

(b) 110kV电力变压器的外形

图 3-11　电力变压器及电力系统

发电厂发出的电能（23kV）通过变压器升压（500kV），通过高压输电线远距离输送，最后再使用变压器降压（380V/220V），分配给各个用户。

2. 小功率电源变压器

小功率电源变压器专门应用于小功率负载的供电电源。根据工作频率的不同可以分为工频电源变压器、中频电源变压器和高频电源变压器。其中，工频电源变压器的工作频率为 50～60Hz，应用最广泛，可作为控制变压器、行灯变压器和各种专用仪器、设备的电源变压器等。

小功率电源变压器根据铁芯结构形式的不同可分为 E 型、C 型、O 型（环形）、R 型变压器，如图 3-12 所示，其中 E 型变压器应用最广、最普遍。

(a) E型变压器　　　(b) C型变压器　　　(c) O型变压器　　　(d) R型变压器

图 3-12　小功率电源变压器

3. 多绕组变压器

多绕组变压器的一次绕组接电源，二次绕组可以提供多个不同数值的电压，因此，使用非常方便，可以提高供电效率，节省材料，应用非常广泛。

电力系统采用三绕组变压器，如图 3-13(a) 所示。

电子线路中，常用多绕组变压器供给电子线路所需的各种不同数值的电压，符号如图 3-13(b) 所示。

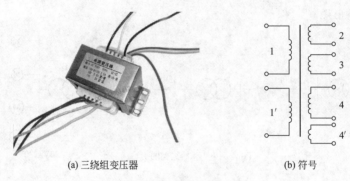

(a) 三绕组变压器　　　　　　(b) 符号

图 3-13　多绕组变压器

4. 互感器

电力系统中，通过专用的变压器将大电流变成小电流，将高电压变成低电压，然后再进行测量。这种用途的变压器称为仪用变压器，包括电流互感器和电压互感器两种类型。

利用互感器测量的主要优点如下。

① 测量电路、仪表与高压隔离，保证了人身和测量仪表的安全。

② 便于实现测量仪表标准化。可通过不同的互感器扩大仪表的量程，提高了测量的准确度。

③ 可以减少测量中的能量损耗。

在交流电路的测量及各种控制和保护电路中，应用了大量的互感器。

(1) 电压互感器

电压互感器的作用是将高电压降为低电压（一般额定值为 100V），供电给测量仪表和继电器的电压线圈，使测量、继电保护回路与高压线路隔离，保证人员和设备的安全。其外形如图 3-14 所示。

电压互感器接线如图 3-15 所示，一次绕组并联在被测的高压线路上，二次绕组与电压表、功率表的电压线圈等构成闭合回路。由于二次侧所接的电压表等负载的阻抗很大，二次侧电流很小，电压互感器实际上相当于一台空载运行的降压变压器。

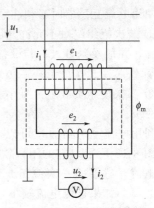

(a) 油浸式电压互感器　　(b) 测量用电压互感器

图 3-14　电压互感器

图 3-15　电压互感器接线图

电压互感器二次绕组的额定电压规定为 100V，这样规定的优点是：与电压互感器二次绕组连接的各种仪表和继电器可以实现标准化，测量不同等级的高电压，只要换上不同等级的电压互感器即可。常用的电压互感器变压比有 3000V/100V、6000V/100V 等。

使用电压互感器时应注意以下事项。

① 电压互感器在运行时，二次绕组不允许短路。因为二次绕组匝数少，阻抗小，如果短路，其短路电流将非常大，将互感器烧毁。使用时，低压侧电路要串接熔断器，作短路保护。

② 电压互感器的铁芯和二次绕组的一端必须可靠接地，以防止高压绕组绝缘被损坏时，铁芯和二次绕组带上高压而造成事故。

③ 电压互感器的准确度等级与其使用的额定容量有关，如 JDG-0.5 型电压互感器，其额定容量为 200V·A，输出不超过 25V·A 时，准确度等级为 0.5 级；输出 40V·A 以下时为 1.0 级；输出 100V·A 以下时为 3.0 级。这是因为输出电流越大，电压比（变压比）误差越大的缘故。

（2）电流互感器

电流互感器是按一定比例变换交流电流的电工测量仪器，如图 3-16 所示。一般二次侧电流表的量程为 5A，只要改变接入的电流互感器的变流比，就可以测量不同数值的一次侧电流。

电流互感器的结构与工作原理与单相变压器相似。它也有两个绕组：一次绕组串联在被测的交流电路中，流过的是被测电流 I_1，它一般只有一匝或几匝；二次绕组匝数较多，与交流电流表（或电度表、功率表）相接，如图 3-17 所示。

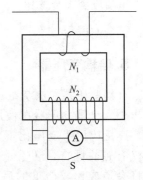

(a) 穿墙式全封闭电流互感器　(b) 配电用电流互感器　(c) 精密微型电流互感器

图 3-16　电流互感器

图 3-17　电流互感器接线图

使用电流互感器时必须注意以下事项。

① 二次绕组绝对不允许开路。否则将使铁芯过热，烧坏绕组或产生很高的电压，使绝缘击穿，并危及测量人员和设备的安全。

② 铁芯及二次绕组一端必须可靠接地，以保证工作人员和设备的安全。

③ 二次绕组负载阻抗要小于规定的阻抗，互感器准确度等级要比所接仪表的准确度等级高两级。

利用电流互感器原理可以制作便携式钳形电流表，用于不断开电路测量电流，其外形如图 3-18 所示。它的闭合铁芯可以张开，将被测载流导线钳入铁芯口中，这根导线相当于电流互感器的一次绕组。铁芯上有二次绕组，与测量仪表连接，可直接读出被测电流的数值。如果被测电流较小，可将被测导线在铁芯上绕几圈，然后将钳形电流表的读数除以围绕圈数即可。

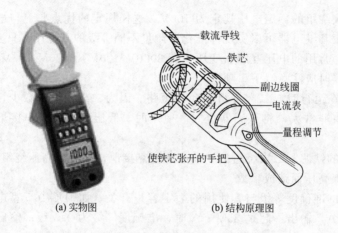

(a) 实物图　　　　　　(b) 结构原理图

图 3-18　便携式钳形电流表

【**例 3-4**】　用变压比为 6000V/100V 的电压互感器和变流比为 100A/5A 的电流互感器扩大被测电压和电流的量程，若电压表的读数为 85V，电流表的读数为 3.5A，则被测电路的电压、电流各为多少？

解　电压互感器变压比

$$K_U = \frac{U_1}{U_2} = \frac{6000}{100} = 60$$

所以，被测电压

$$U_1 = K_U U_2 = 60 \times 85 = 5100 \text{（V）}$$

电流互感器变流比

$$K_I = \frac{I_1}{I_2} = \frac{100}{5} = 20$$

所以，被测电流

$$I_1 = K_I I_2 = 20 \times 3.5 = 70 \text{（A）}$$

5. 自耦变压器

自耦变压器二次绕组是一次绕组的一部分，如图 3-19 所示。它结构简单，节省材料，体积小。自耦变压器在使用过程中的损耗也比普通变压器要小，因此效率较高，比较经济，广泛应用于变压比不大（K_U 小于 2）的场合。但自耦变压器的一、二次绕组之间不仅有磁的耦合，还有电的联系，因此在使用时必须正确接线，且外壳必须接地，否则将会造成比较严重的后果。我国规定：安全照明变压器不允许采用自耦变压器结构形式。

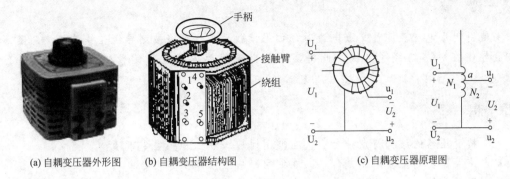

(a) 自耦变压器外形图　　(b) 自耦变压器结构图　　(c) 自耦变压器原理图

图 3-19　自耦变压器

【例 3-5】 在一台容量为 15kV·A 的自耦变压器中，已知 $U_1=220\text{V}$，$N_1=500$ 匝，求：

(1) 要使输出电压 $U_2=209\text{V}$，应该在绕组的什么地方抽出线头？
(2) 变压器满载时，I_{1N} 和 I_{2N} 各等于多少安培？此时公共绕组内的电流为多少安培？
(3) 如果输出电压 $U_2=110\text{V}$，那么公共绕组内的电流又是多少安培？

解　(1) 由公式 $\dfrac{U_1}{U_2}=\dfrac{N_1}{N_2}$

得

$$N_2=N_1\dfrac{U_2}{U_1}=500\times\dfrac{209}{220}=475\text{（匝）}$$

即：应在一次、二次绕组公用点开始数 475 匝处抽头，可以得到 209V 输出电压。

(2) 忽略损耗，可以认为

$$I_{1N}=\dfrac{S_N}{U_{1N}}=\dfrac{15\times10^3}{220}=68.2\text{（A）}$$

$$I_{2N}=\dfrac{S_N}{U_{2N}}=\dfrac{15\times10^3}{209}=71.8\text{（A）}$$

公共绕组内的电流 ΔI 为：

$$\Delta I=I_{2N}-I_{1N}=71.8-68.2=3.6\text{（A）}$$

(3) 如果输出电压 $U_2=110\text{V}$

$$I_{2N}=\dfrac{S_N}{U_{2N}}=\dfrac{15\times10^3}{110}=136.4\text{（A）}$$

$$\Delta I=I_{2N}-I_{1N}=136.4-68.2=68.2\text{（A）}$$

从【例 3-5】的计算结果可以看出，自耦变压器的一次电压、二次电压接近时，其公共绕组内流过的电流很小，如图 3-20 所示。而当变压比较大时，公共绕组内流过的电流也比较大，因此，一般自耦变压器的变压比的取值为 1.2～2.0。

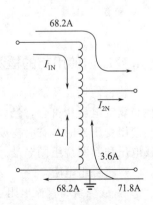

图 3-20　自耦变压器内部电流的关系

议一议

◆ 使用钳形电流表测量交流电流时,如果读数太小,可将被测导线在铁芯口绕几圈。假设被测导线在铁芯口绕了3圈,此时,被测电流值为电流表的读数除以3,这是什么原理呢?

想一想

◆ 自耦变压器的结构特点是什么?在使用时应该注意哪些主要事项?
◆ 电流互感器的主要用途是什么?在使用时应该注意哪些主要事项?
◆ 电压互感器的主要用途是什么?在使用时应该注意哪些主要事项?

任务四 检测变压器

知识目标

★ 掌握测量变压器直流电阻和绝缘电阻的方法。
★ 了解变压器同名端的简单判别方法。
★ 了解小型变压器绕组断路、短路的判别方法和原理。

技能目标

★ 会使用万用表测量变压器的直流电阻,使用兆欧表测量变压器的绝缘电阻。
★ 测量变压器的空载输出电压。
★ 正确判别变压器的同名端。
★ 掌握小型变压器简单故障的判别方法。

应用目标

★ 正确检测变压器的直流电阻和绝缘电阻。
★ 检测小型变压器的简单故障。

1. 变压器使用前的检测

安装、使用变压器前应先读懂铭牌,按铭牌的要求进行接线和使用,加在一次侧的电压必须与额定电压相符合,最大负载电流不能超过额定输出电流。

使用变压器时,有时需要进行必要的检测,包括测绕组直流电阻、绝缘电阻、测二次侧空载电压和判断绕组同名端。

(1)测绕组电阻

① 测量绕组的直流电阻 变压器高压侧和低压侧的绕组电阻差别较大,测量的方法也不相同。高压绕组的线径细,匝数多,直流电阻较大,可以直接使用万用表测量。低压绕组一般线径粗,匝数少,直流电阻较小,此时,最好使用直流电桥测量绕组的电阻,如图

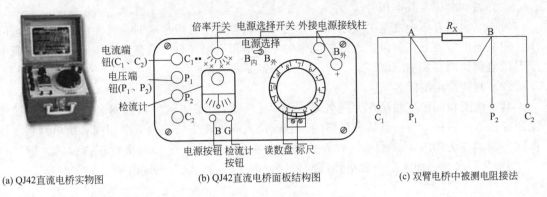

图 3-21 直流电桥测量绕组电阻

3-21 所示。测试步骤如下。

a. 在仪器底部电池盒中装上电池，或在外接电源接线柱"B 外"接入使用的直流电源，将"电源选择"开关拨向相应位置。

b. 将检流计指针调到"0"位置。

c. 用粗铜线临时将 C_1 和 P_1、C_2 和 P_2 短接，再接入被测电阻 R_X。

d. 估计被测电阻阻值，将倍率开关旋到相应的位置上。

e. 测量电阻时，先按"B"，后按"G"按钮，并调节读数盘，使检流计重新回到"0"位。断开时应先放"G"，后放"B"按钮。被测电阻 R_X 为：

$$R_X = 倍率开关的示值 \times 读数盘的示值$$

② 测量绕组的绝缘电阻　变压器绝缘电阻的大小关系到变压器的正常运行和操作人员的安全，包括各绕组之间、绕组与铁芯之间的绝缘电阻。绝缘电阻通过兆欧表测量，如图 3-22 所示。

图 3-22 兆欧表实物图

指针式兆欧表有三个接线端："L""E"和"G"。"L"为线端，接被测设备导体；"E"为地端，与接地的设备外壳相连；"G"为屏蔽端，接被测设备的绝缘部分。

测量前，应将兆欧表保持水平位置，左手按住表身，右手摇动兆欧表摇柄，转速约为 120r/min，指针应指向无穷大（∞）。

测量绕组与铁芯间的绝缘电阻时，将兆欧表的"L"端接绕组，"E"端接变压器铁芯，"G"端接绕组与铁芯间的绝缘层，以消除表面漏电产生的误差。对于一般小型电源变压器，其绝缘电阻应在 500MΩ 以上。

(2) 测二次侧空载电压

对于二次侧有多个绕组的变压器，在已知一次侧绕组的引出端时，可在一次侧加额定电压，用交流电压表分别测量二次侧各绕组的空载电压，以区分二次侧各绕组。变压器空载电压测试电路如图 3-23 所示。

(3) 判别绕组的同名端

两个线圈相同极性的端称为同名端，用"·"或"*"表示。判别同名端是正确连接和使用变压器的前提，当电流从变压器的同名端流入时，产生的磁通方向相同。简单判别变压器同名端的方法如图 3-24 所示。在开关 S 闭合瞬间，如果毫安表的指针正向偏转，则"1"和"3"是同名端；如果毫安表指针反向偏转，则"1"和"4"是同名端。

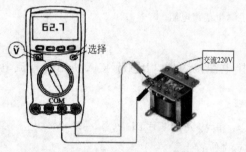
图 3-23　变压器空载电压测试电路

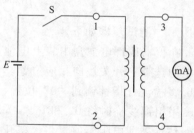
图 3-24　变压器同名端的判别电路

2. 小型变压器的简单故障检测

小型变压器运行中常见的故障原因主要有绕组断路、局部绕组短路和击穿短路等。

(1) 绕组断路

变压器接通电源后，一次侧绕组和二次侧绕组断路都会使变压器没有输出电压。此时，可先断开电源，使用直流电桥或万用表的欧姆挡进行测量。绕组断路时电阻为无穷大。

(2) 局部绕组短路

断开电源，将变压器二次绕组从电路中断开，根据电源电压及所测变压器容量选择一只合适的灯泡，串联在电路中。接通电源，如果灯泡微红或不亮，说明绕组没有短路；如果灯泡很亮，则说明绕组已经短路，如图 3-25 所示。

图 3-25　局部绕组短路的判别

(3) 击穿短路

击穿短路分为一次侧绕组和二次侧绕组之间的击穿短路和一次侧绕组或二次侧绕组与铁

芯之间的击穿短路。可以通过兆欧表分别测量绕组与绕组、绕组与铁芯之间的绝缘电阻进行判断。产生击穿短路后，绝缘电阻将变得比较小，甚至为 0。

议一议

◆ 为什么不能直接使用万用表的欧姆挡测量变压器低压绕组的直流电阻？变压器低压绕组的直流电阻除了使用直流电桥测量，还可以使用哪些方法？

想一想

◆ 变压器如果很长时间没有使用，或是刚进行过维护，则需要进行绝缘电阻的检测，请说明主要原因。

做一做

◆ 使用万用表和直流电桥测量变压器绕组的直流电阻；使用兆欧表测量变压器绕组绝缘电阻。

◆ 判别变压器的同名端。

模块三　习题解答

模块四 电动机

电动机是利用电磁感应原理将电能转变为机械能的设备。根据电动机转速的特点,电动机可分为异步电动机和同步电动机;根据所接电源的不同,电动机可以分为三相电动机、单相电动机和直流电动机。除此之外,电动机还可以根据体积大小、结构和工作特点等进行分类。目前,使用最广泛的是三相异步电动机和单相异步电动机。

任务一 认识三相异步电动机

扫一扫

知识目标 ▶▶
　★ 了解三相异步电动机在工农业生产和日常生活中的典型应用。
　★ 熟悉三相异步电动机的基本结构。

技能目标 ▶▶
　★ 将三相异步电动机的定子绕组星形连接或三角形连接。

应用目标 ▶▶
　★ 认识三相异步电动机的定子和转子,读懂三相异步电动机的铭牌。

1. 三相异步电动机的应用

三相异步电动机是电力拖动系统中应用最广泛的一种电动机。金属切削机床、卷扬机、冶炼设备、农业机械、船舰、轧钢设备、各种泵和工业机械等,绝大部分都采用三相异步电动机拖动。

车床(见图 4-1)通过三相异步电动机的运转,车削内外圆柱面、圆锥面及其他旋转面,车削各种公制、英制、模数和径节螺纹,并能进行钻孔等工作。

卷扬机(见图 4-2)通过三相异步电动机的运转将电缆卷成捆。

收割机(见图 4-3)的三相异步电动机带动切割刀片旋转,将稻、麦等农作物的禾秆割倒。

鼓风机（见图4-4）通过三相异步电动机的旋转，使气体压力加大，进行输送，广泛应用于工厂、矿井、隧道、冷却塔、车辆、船舶和建筑物的通风、排尘和冷却；锅炉和工业炉窑的通风和引风；空气调节设备和家用电器中的冷却和通风；谷物的烘干和选送；风洞风源和气垫船的充气和推进等。

离心式水泵（见图4-5）通过三相异步电动机的旋转，使叶轮中心处压强低于大气压强，将水不断吸入，输送到高处或远处。

混凝土搅拌机（见图4-6）通过三相异步电动机的运转，将水泥、沙子等按一定的比例均匀地搅和在一起。

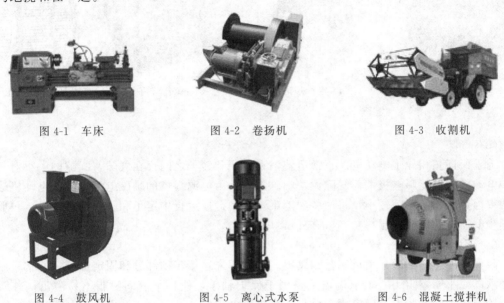

图4-1　车床　　　　　　图4-2　卷扬机　　　　　　图4-3　收割机

图4-4　鼓风机　　　　图4-5　离心式水泵　　　　图4-6　混凝土搅拌机

2. 三相异步电动机的结构

三相异步电动机主要由静止的定子和转动的转子两大部分组成，除此之外，还有嵌放定子和支撑转子的机座、轴承盖等，其实物如图4-7所示。

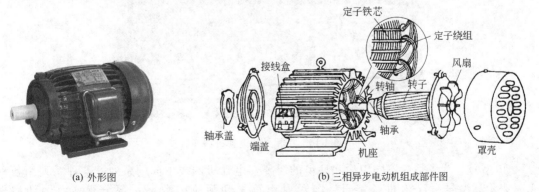

(a) 外形图　　　　　　(b) 三相异步电动机组成部件图

图4-7　三相异步电动机

（1）定子

定子主要由定子铁芯、定子绕组和机座组成，其外形如图4-8(a)所示。定子铁芯由硅钢片叠成，构成电动机的磁路，如图4-8(b)所示；定子绕组由铜线绕制而成，构成电动机的电路；机座一般由铸铁或铸钢制成，作为电动机的支架。

（2）转子

转子主要由转子铁芯、转子绕组和转轴组成，如图4-9所示。转子铁芯和定子铁芯相似，由硅钢片叠成；转子绕组分为笼型和绕线型两种。笼型转子绕组由铸铝导条或铜条组成，端部用短路环短接。绕线型转子绕组和定子绕组相似；转轴由中碳钢制成，两端由轴承支撑，用来输出转矩。

  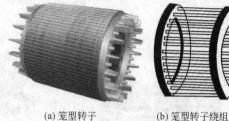

(a) 定子外形图　　　　(b) 定子铁芯　　　　(a) 笼型转子　　　　(b) 笼型转子绕组

图4-8　定子　　　　　　　　　　　　　图4-9　转子

（3）气隙

为了保证三相异步电动机的正常运转，在定子和转子之间存在气隙，气隙的大小对三相异步电动机的性能影响极大。气隙大，则磁阻大，由电源提供的励磁电流大，使电动机运行的功率因数低；但气隙过小，将使装配困难，容易造成运行中定子和转子铁芯相碰，一般三相异步电动机的气隙控制在 0.2～1.5mm。

（4）附件

附件主要包括轴承、轴承端盖和风扇。轴承用来连接转动部分和固定部分，通常采用滚动轴承以减小摩擦阻力；轴承端盖主要用于保护轴承，使轴承内润滑脂不易溢出，并防止灰、砂等浸入润滑脂内；风扇用于冷却三相异步电动机。

（5）电动机铭牌

在三相异步电动机的机座上均装有一块铭牌，标出了电动机型号及主要技术数据，供正确使用电动机时参考，如图4-10所示。

图4-10　三相异步电动机铭牌

① 型号　为了适应不同用途和环境的需要，电动机制成不同的系列，各种系列用各种型号表示。型号由汉语拼音字母、国际通用符号和阿拉伯数字三部分组成，例如型号Y100L-2中，"Y"表示三相异步电动机；"100"表示机座中心高，单位为mm；"L"表示机座长度代号，为长机座；"2"表示电动机的磁极数。

② 额定功率 P_N　指电动机在额定状态下运行时，转子轴上输出的机械功率，单位为kW。

③ 额定电压 U_N　指电动机在额定状态运行时，三相定子绕组应接的线电压值，单位为 V。

④ 额定电流 I_N　指电动机在额定状态运行时，三相定子绕组的线电流值，单位为 A。

三相异步电动机的额定功率、额定电流、额定电压之间的关系为：

$$P_N = \sqrt{3}U_N I_N \cos\varphi\eta \quad (4\text{-}1)$$

⑤ 额定转速 n_N　指电动机在额定状态运行时的转速，单位为 r/min。

⑥ 额定频率 f_N　指电动机正常工作时定子所接电源的频率，在我国均为 50Hz。

⑦ 接法　指电动机正常工作时定子绕组的连接方式，有Y形和△形两种类型，如图 4-11 所示。

⑧ 温升及绝缘等级　温升指电动机运行时绕组温度允许高出周围环境温度的数值。

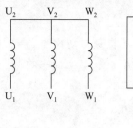
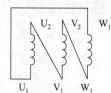
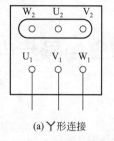
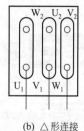

(a) Y形连接　　(b) △形连接

图 4-11　定子绕组的连接方式

⑨ 工作方式　为了适应不同的负载需要，电动机的工作方式按负载持续时间的不同，分为连续工作制、短时工作制和断续周期工作制。

【例 4-1】　三相异步电动机的额定数据为：$P_N=5.5\text{kW}$，$I_N=11.7\text{A}$，$U_N=380\text{V}$，$\cos\varphi=0.83$，定子绕组△形连接，求电动机的效率 η。

解　由式(4-1)　　$P_N=\sqrt{3}U_N I_N \cos\varphi\eta$

可得：　$\eta = \dfrac{P_N}{\sqrt{3}U_N I_N \cos\varphi} \times 100\% = \dfrac{5.5 \times 10^3}{\sqrt{3} \times 380 \times 11.7 \times 0.83} \times 100\% = 86\%$

实际应用中，可根据三相异步电动机的有功功率估算电动机的额定电流，一般按 2A/kW 估算。

议一议

◆ 三相异步电动机在生产中有哪些典型的应用？举例说明电动机在其中的作用。

◆ 三相异步电动机的结构和变压器有什么异同？有这样一种说法：变压器可以看作是静止的电动机。如何理解这句话？

想一想

◆ 三相异步电动机是电磁转换的典型设备。试从电磁能量转换的角度说明三相异步电动机的定子和转子的作用。

◆ 通过三相异步电动机铭牌数据，能够推导或计算出哪些三相异步电动机的其他参数？

做一做

◆ 拆卸一个三相异步电动机，观察其内部结构，并阅读其铭牌，说明额定电压、额定电流、额定功率和功率因数代表的意义。

◆ 选择一台三相异步电动机，将其定子绕组星形连接和三角形连接，通电。

> **练一练**
>
> ◆ 三相异步电动机额定功率 $P_N=2.2\mathrm{kW}$,额定电压 $U_1=380\mathrm{V}$,额定转速 $n_N=1440\mathrm{r/min}$,功率因数 $\lambda=0.82$,效率 $\eta=81\%$,$f=50\mathrm{Hz}$,试计算:
> (1) 输入电功率;
> (2) 额定电流 I_N。

任务二 掌握三相异步电动机的工作原理

扫一扫

知识目标 ▶▶

★ 熟悉三相异步电动机的工作原理。
★ 了解旋转磁场的产生及其意义。

技能目标 ▶▶

★ 将三相异步电动机接入电源,归纳电动机启动与运行的规律。
★ 将三相异步电动机通过变频器接入三相电源,观察电动机的转速与电源频率、电压的关系。

应用目标 ▶▶

★ 通过熟悉三相异步电动机的工作原理,正确使用三相异步电动机。

1. 旋转磁场

设定子三相绕组为两极绕组,用 U_1U_2、V_1V_2、W_1W_2 表示,工作时接三相交流电源,流过三相绕组的电流分别为:

$$i_U = I_m \sin\omega t$$
$$i_V = I_m \sin(\omega t - 120°)$$
$$i_W = I_m \sin(\omega t + 120°)$$

① 当 $\omega t=0°$ 时,$i_U=0$,表示 U_1U_2 绕组中没有电流流过;$i_V<0$,表示 V_1V_2 绕组中的电流从末端 V_2 流入(电流流入用符号 $\otimes$ 表示),首端 V_1 流出(电流流出用符号 $\odot$ 表示);$i_W>0$,表示 W_1W_2 绕组中的电流从首端 W_1 流入,末端 W_2 流出,如图 4-12(a) 所示。

根据右手螺旋定则,可判断出各绕组端周围磁场的方向,如图 4-12(b) 所示。W_2、V_1 周围的合成磁场为逆时针方向;V_2、W_1 周围的合成磁场为顺时针方向。因此,定子空间的磁场方向为水平向右。

② 同理,在 $\omega t=120°$、$\omega t=240°$ 时,可判断出定子空间的磁场方向如图 4-12(c)、图 4-12(d) 所示。当 $\omega t=360°$ 时,重复 $\omega t=0°$ 时的情形,完成一个周期,如图 4-12(e) 所示。

三相异步电动机定子绕组通入三相交流电流后,定子绕组产生的合成磁场随电流的变化在空间不断地旋转,如同磁极在空间旋转,称为旋转磁场。旋转磁场的转向与相序一致,为顺时针方向。如果电源的频率为 f,定子绕组的磁极对数为 p(产生的旋转磁场的磁极对

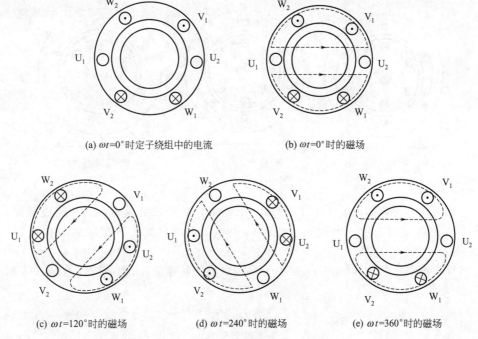

图 4-12　两极定子绕组的旋转磁场

数），则旋转磁场的转速为

$$n_1 = \frac{60f}{p} \quad (4\text{-}2)$$

该转速也称为三相异步电动机的同步转速。由于磁极对数 p 的数值通常为 $1\sim4$，所以同步转速仅为有限的几个数值。

【例 4-2】 三相异步电动机定子绕组中的交流电频率 $f=50\mathrm{Hz}$，试分别计算电动机磁极对数 $p=1$、$p=2$ 和 $p=3$ 时旋转磁场的转速 n。

解　根据公式 $n_1 = \dfrac{60f}{p}$

$p=1$ 时，$n_1 = \dfrac{60f}{p} = \dfrac{60\times 50}{1} = 3000$（r/min）

$p=2$ 时，$n_1 = \dfrac{60f}{p} = \dfrac{60\times 50}{2} = 1500$（r/min）

$p=3$ 时，$n_1 = \dfrac{60f}{p} = \dfrac{60\times 50}{3} = 1000$（r/min）

2. 三相异步电动机的旋转原理

三相异步电动机转动的原理包括三个部分。

① 电生磁（旋转磁场的产生）　其原理如图 4-12 所示。

② （动）磁生电　假定该瞬间定子空间磁场方向向下，定子旋转磁场顺时针旋转，切割转子绕组。根据右手定则，假设旋转磁场不动，转子相对旋转磁场反方向做逆时针运动，可确定转子中绕组感应电动势的方向，如图 4-13(a) 所示。由于转子绕组闭合，绕组中有感应电流，电流方向和电动势方向相同。

③ 电生力矩　定子空间有旋转磁场，转子绕组中有感应电流，由左手定则可判断转子

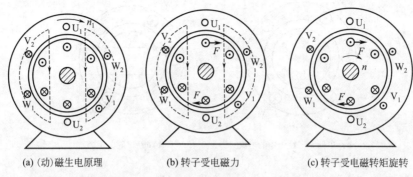

(a) (动)磁生电原理　　　　(b) 转子受电磁力　　　　(c) 转子受电磁转矩旋转

图 4-13　三相异步电动机的旋转原理

绕组受电磁力的方向，如图 4-13（b）所示。该电磁力对转轴形成力矩，称电磁转矩，方向与定子旋转磁场方向一致。电动机在电磁转矩作用下，顺着旋转磁场的方向旋转，如图 4-13（c）所示。

三相异步电动机的旋转转速 n_2 略小于旋转磁场的转速 n_1，通常用转差率 S 表示 n_2 和 n_1 之间的关系。

$$S = \frac{n_1 - n_2}{n_1} \tag{4-3}$$

三相异步电动机在额定状态（定子绕组加额定电压，电动机输出转矩为额定转矩）运行时，转差率 S 的值较小，在 0.01～0.06 之间；空转时，电动机转速与同步转速比较接近，S 的值在 0.004～0.007 之间。

【例 4-3】 三相异步电动机定子绕组中的交流电频率 $f = 50\text{Hz}$，额定转速 $n_N = 1440$ r/min，试求电动机的磁极对数 p 和额定转差率 S_N。

解　电动机旋转的转速 n_2 略小于旋转磁场的转速 n_1。

根据电动机的额定转速 $n_N = 1440\text{r/min}$，可以确定 $n_1 = 1500\text{r/min}$

根据公式
$$n_1 = \frac{60f}{p}$$

磁极对数
$$p = \frac{60f}{n_1} = \frac{60 \times 50}{1500} = 2$$

根据公式
$$S = \frac{n_1 - n_2}{n_1}$$

额定转差率
$$S_N = \frac{n_1 - n_N}{n_1} = \frac{1500 - 1440}{1500} = 0.04$$

议一议

◆ 根据三相异步电动机的工作原理，分析三相异步电动机接通电源后，如果转子被卡住或负载太重不能旋转，电动机将会有怎样的后果？

◆ 从能量转换的角度说明三相异步电动机的转速为什么只能略小于同步转速，而不能小太多，也不能等于或大于同步转速。

想一想

◆ 如何改变旋转磁场的转速和方向？

- 一台 50Hz 的三相异步电动机运行于 60Hz 的电源上时，电动机的转速将如何变化？
- 简述三相异步电动机的工作原理，并解释"三相异步电动机"的含义。

做一做

- 将三相异步电动机接入电源，归纳电动机启动与运行的规律。
- 将一台三相异步电动机通过一台变频器连接到三相电源上，观察电动机转速随电源频率及电压的变化，总结变化规律。

练一练

- 三相异步电动机定子绕组中的交流电频率 $f=50\text{Hz}$，额定转速 $n_N=2950\text{r/min}$，求同步转速 n_1 和额定转差率 S_N。

任务三 了解三相异步电动机的工作特性

知识目标

★ 熟悉三相异步电动机的转速特性、转矩特性、效率特性。
★ 了解三相异步电动机的电流特性和功率因数特性。

技能目标

★ 测试三相异步电动机的转速特性。
★ 测试三相异步电动机的定子电流特性。

应用目标

★ 联系实际，理解三相异步电动机的转速特性、转矩特性、定子电流特性、功率因数特性和效率特性的意义。
★ 通过理解三相异步电动机的工作特性，合理选用三相异步电动机。

工作特性能反映三相异步电动机的运行情况，是合理选择、使用电动机的依据。三相异步电动机的工作特性是指电动机在额定电压 U_N、额定频率 f_N 运行时，转子转速 n、定子电流 I_1、定子功率因数 $\cos\varphi$ 和效率 η 随负载变化的规律，其工作特性曲线如图 4-14 所示。

1. 转速特性

三相异步电动机空载时，转速 $n_2 \approx n_1$，随着负载 P_2 增大→转速 n_2 略降→转子感应电势 E_2 增大→转子电流 I_2 增大→电磁转矩增大，以平衡负载转矩。

转速特性 $[n=f(P_2)]$ 如图 4-14(a) 所示，为一条略微下降的曲线。空载时，$P_2=0$，电动机的转速最大；负载 P_2 越大，电动机的转速越低。

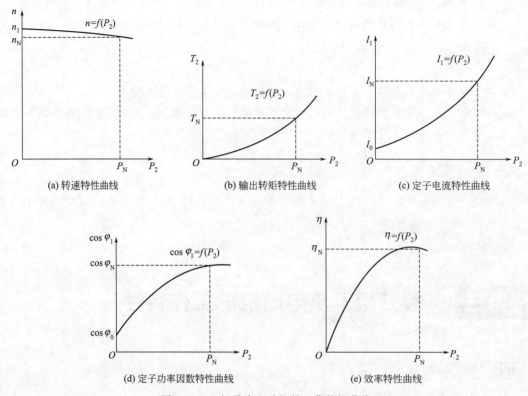

图 4-14 三相异步电动机的工作特性曲线

2. 转矩特性

三相异步电动机空载时，输出转矩 $T_2=0$。当负载 P_2 增大时，由于转速变化不大，$P_2 \propto T_2$→输出转矩随着 P_2 增大而增大。

输出转矩特性 $[T_2=f(P_2)]$ 如图 4-14（b）所示，为一条过原点的近似直线的曲线。空载时，$P_2=0$，电动机的输出转矩非常小，近似为 0；负载 P_2 越大，电动机的输出转矩也越大。三相异步电动机输出转矩与输出功率的关系为：

$$T_2 = 9550 \frac{P_2}{n_2} \tag{4-4}$$

式中，P_2 为输出功率，kW；n_2 为电动机转速，r/min，T_2 为转矩，N·m。

三相异步电动机接通电源但转轴还没有转动，转轴上产生的力矩称为启动转矩 T_{ST}，它是衡量电动机启动性能的重要指标。启动转矩 T_{ST} 与额定转矩 T_N 的比值称三相异步电动机的启动转矩倍数 λ_{ST}。

$$\lambda_{ST} = \frac{T_{ST}}{T_N} \tag{4-5}$$

三相异步电动机产生的最大转矩 T_m 与额定转矩 T_N 的比值称为过载系数 λ。

$$\lambda = \frac{T_m}{T_N} \tag{4-6}$$

【例 4-4】 三相异步电动机的额定功率 $P_N=40\text{kW}$，额定转速 $n_N=1450\text{r/min}$，过载系

数 $\lambda=2$,求额定转矩 T_N 和最大转矩 T_m。

解
$$T_N = 9550\frac{P_N}{n_N} = 9550 \times \frac{40}{1450} = 263.5 \text{ (N·m)}$$
$$T_m = \lambda T_N = 2 \times 263.5 = 527 \text{ (N·m)}$$

3. 定子电流特性

三相异步电动机空载时,转速 $n_2 \approx n_1$,转差率 $S \approx 0$,转子电流 $I_2 \approx 0$,$I_1 \approx I_0$ 较小,随着负载 P_2 增大→转速 n_2 下降→转子电流 I_2 增大→定子电流 I_1 增大,以补偿转子电流所产生的磁势的影响,维持磁势平衡。

定子电流特性 $[I_1 = f(P_2)]$ 如图 4-14(c) 所示,为一条由 I_0 开始逐渐上升的曲线。空载时,$P_2=0$,电动机定子绕组中的电流比较小,为 I_0,称为空载电流,主要用于建立旋转磁场;负载 P_2 越大,定子绕组中的电流也越大,因此,电动机工作时,要避免超载运行,否则,容易烧坏电动机。

4. 功率因数特性

三相异步电动机空载时,由于空载电流中主要是无功电流分量,所以此时的功率因数很低,电动机的功率因数 $\cos\varphi_1$ 等于空载功率因数 $\cos\varphi_0$,$\cos\varphi_1 = \cos\varphi_0 \approx 0.2$。负载 P_2 增大→定子电流 I_1 有功电流分量增大→功率因数提高,直至 $P_2 = P_N$,功率因数达最高 $\cos\varphi_1 = \cos\varphi_{1\max}$;$P_2 > P_N$ 继续增大→转差率 S 增大→转子感应电势与电流的相位角 φ_2 增大→功率因数 $\cos\varphi_1$ 开始减小。

定子功率因数特性 $[\cos\varphi_1 = f(P_2)]$ 如图 4-14(d) 所示,为一条向上的曲线。从功率因数特性曲线可以看出:电动机空载时,功率因数非常小;在额定负载时,功率因数达到最大。因此,电动机工作时,要避免空转,尽量在额定状态下运行。

5. 效率特性

三相异步电动机从空载到负载运行时,主磁通 ϕ_m 和转速 n_2 变化较小,所以铁损 P_{Fe} 和机械损耗 P_m 变化很小,这两种损耗之和是异步电动机的不变损耗,而定子、转子的铜损 P_{Cu} 与负载电流平方成正比,它随负载变化,是异步电动机的可变损耗。与变压器相似,当不变损耗与可变损耗相等时,三相异步电动机的效率最高。

空载时,输出功率 $P_2=0$,所以效率 $\eta=0$,负载 P_2 增大→效率 η 增大,普通异步电动机在 $P_2 = 0.75 P_N$ 时效率最大,$\eta = \eta_{\max}$;P_2 继续增大→效率 η 反而下降。

效率特性 $[\eta = f(P_2)]$ 如图 4-14(e) 所示,从效率特性曲线可以看出:负载接近额定负载时,电动机的效率达到最高。因此,电动机工作时,既要避免超载,也要避免"大马拉小车"的现象,这样才能充分利用电能。

议一议

◆ 建筑工地上,用搅拌机将水泥、沙石均匀地搅拌在一起,通常都是使电动机先转动起来,再往搅拌机里铲水泥、沙石。结合三相异步电动机的工作原理和定子电流特性,说明其原因。

◆ 联系具体事例,分析电动机的转速特性、转矩特性、定子电流特性、功率因数特性和效率特性。根据三相异步电动机的工作特性,说明电动机空载、轻载、满载和超载运行时的特点。

想一想

◆ 三相异步电动机一般采用空载或轻载启动，工作时，通常要求在满载或接近满载时运行，这是为什么？

做一做

◆ 在普通车床切削量变化（即负载变化）时，观察并测量转速的变化，并通过钳形电流表测量定子电流的变化规律。

练一练

◆ 三相异步电动机的额定数据如下：$P_N=45\text{kW}$，$U_N=380\text{V}$，$n_N=1470\text{r/min}$，启动系数（启动转矩倍数）$\lambda_{ST}=1.9$，试计算：

(1) 额定转差率 S_N；
(2) 额定转矩 T_N；
(3) 启动转矩 T_{ST}。

任务四 了解单相异步电动机

扫一扫

知识目标 ▶▶

★ 了解单相异步电动机的特点及典型应用。
★ 了解单相异步电动机的基本结构。
★ 熟悉电容分相式单相异步电动机的工作原理，了解罩极式单相异步电动机的工作原理。
★ 了解单相异步电动机的基本维护知识。

技能目标 ▶▶

★ 正确拆装和维护单相异步电动机。

应用目标 ▶▶

★ 通过学习单相异步电动机的相关知识，正确使用和维护电风扇、洗衣机、电冰箱等带电动机的家用电器。

1. 单相异步电动机的用途

单相异步电动机是使用单相交流电源的小容量异步电动机，具有结构简单、运行可靠、维护方便等优点，在日常生活中应用非常普遍。洗衣机、电冰箱、电风扇、空调、抽油烟机等家用电器上配备的电动机均为单相异步电动机。除此之外,单相异步电动机也广泛应用于电动工具、医用机械和自动控制等功率不大的场合。

家用电风扇的种类很多,但主要都是通过单相异步电动机的转动带动风叶转动,实现送风、吹凉的功能,原理和结构基本相同。其中电动机是电风扇的关键部分,其性能指标基本决定了电风扇质量的好坏。图 4-15 为壁扇、台扇和转页扇电动机。

(a) 壁扇电动机　　(b) 台扇电动机　　(c) 转页扇电动机

图 4-15　电风扇电动机

洗衣机以电动机为动力,驱动波轮或滚筒等搅拌类的轮盘,形成特殊的水流,除去衣物的污垢。洗衣机按水流情况可以分为波轮式、滚筒式和搅拌式,其中波轮式占多数。波轮式洗衣机的洗涤电动机和脱水电动机均为单相异步电动机。图 4-16 为全自动洗衣机洗涤电动机和脱水电动机。

2. 单相异步电动机的结构

单相异步电动机的结构和三相异步电动机有很多相似之处,定子铁芯用硅钢片叠成,定子绕组嵌装在定子铁芯的槽内,和三相异步电动机完全相同。但转子是单相的,通常为笼型,对于电风扇电动机,根据工作性质的需要,通常将转子放在外部,称为外转子,以方便带动风叶转动。图 4-17 为吊扇电动机的结构图。

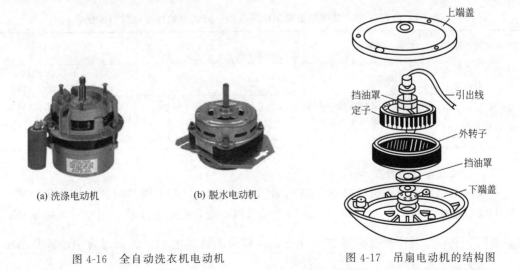

(a) 洗涤电动机　　(b) 脱水电动机

图 4-16　全自动洗衣机电动机　　图 4-17　吊扇电动机的结构图

3. 单相异步电动机的工作原理

单相异步电动机工作时,定子绕组接单相交流电,在定子空间产生随电流波形变化的脉动磁场,使电动机的电磁转矩为 0。因此,单相异步电动机如果不采取任何措施,不能自行启动。

为了解决单相异步电动机的启动问题,通常模拟三相异步电动机的旋转磁场,主要采取分相和罩极两种方法。因此,单相异步电动机分为分相式单相异步电动机和罩极式单相异步电动机。

(1) 分相式单相异步电动机

分相式单相异步电动机在定子部分增加一个启动绕组,根据启动绕组的性质,又分为电容分相式和电阻分相式两种类型,其外形如图4-18所示。

分相式单相异步电动机的启动绕组和工作绕组在空间上互差90°。工作绕组为感性,启动绕组因串有电容或电阻呈容性或阻性。绕组通入交流电压,工作绕组和启动绕组中的电流出现相位差,在定子空间产生旋转磁场,于是,电动机开始启动,图4-19为电容分相式单相异步电动机的原理图。

(a) 电容分相式　　(b) 电阻分相式

图 4-18　分相式单相异步电动机

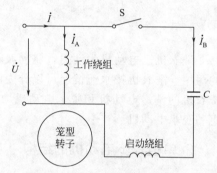

图 4-19　电容分相式单相异步电动机的原理图

电容分相式单相异步电动机和电阻分相式单相异步电动机在结构、性能和应用方面的比较如表4-1所示。

表 4-1　电容分相式单相异步电动机和电阻分相式单相异步电动机的比较

电动机名称	分相元件	工作绕组和启动绕组相位差	启动性能	成本	应用场合
电容分相式单相异步电动机	外串电容	可达到90°	好	高	电风扇、洗衣机、通风机等带负载启动,要求噪声较小的场合
电阻分相式单相异步电动机	增加绕组匝数,减小导线截面,使启动绕组本身的电阻加大	小于90°	一般	低	电冰箱、小型机床、鼓风机、医疗机械等不常启动,转速基本恒定的机械

(2) 罩极式单相异步电动机

罩极式单相异步电动机的外形与结构如图4-20所示。定子铁芯用硅钢片叠压而成,每个极上绕有集中绕组,称为主绕组。在每个极面的一边开有一个小槽,槽中有短路铜环,罩住磁极面 $\frac{1}{3}$ 左右。铜环把极面罩住一部分,故称为罩极式电动机;又因为主磁极是凸出来的,因此全称为凸极式罩极异步电动机。

当定子绕组通入单相交流电时,产生的脉动磁场在短路环的作用下,在磁极之间形成一个从磁极处向短路环方向连续移动的磁场,使转子旋转。

罩极单相式异步电动机启动转矩较小,功率因数和效率比较低,启动性能和运行性能较差,但其结构简单,成本低,运行时噪声小,耐用,维修简单。适用于小型风扇、电动模

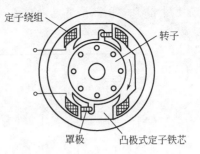

(a) 外形图　　　　　　　　　(b) 结构原理图

图 4-20　罩极式单相异步电动机

型、电唱机及各类轻载启动的小功率电动设备。

4. 单相异步电动机的维护

（1）启动过程中的维护

电动机在启动前首先应进行机械方面的检查，然后进行电路方面的检查。

电动机在运转前，最好空载试转一次，查看转动是否正常，转向是否符合要求等。

电动机一般 3～5s 可启动完毕，若超过这个时间电动机转不起来，或达不到 70%～80% 额定转速，应迅速切断电源，检查故障原因，切不可延迟，否则容易烧坏绕组。电动机启动不起来的原因可能是负载过大、电压较低、电动机绕组出现故障等。

（2）运行过程中的维护

电动机带负载正常运转时转速均匀，声音适中，发热适当，如果发现电动机严重发热或其他不良症状，必须拉闸停止运行。电网电压较低时经常出现发热严重的情况，虽然短时间内不会烧坏绕组，但将影响电动机的使用寿命。

电动机使用时，要保证良好的防潮和通风。出线盒及电容器等处不能进水，也不能有机械损伤；风罩的避风口不能堵塞；电动机外壳应接地良好。

议一议

◆ 单相异步电动机在结构、工作原理、应用场合等方面与三相异步电动机有哪些异同点？

◆ 家用电器中使用的电动机均为单相异步电动机，如图 4-21 所示，请说明它们的使用注意事项。

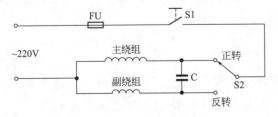

图 4-21　洗衣机正反转控制原理图

想一想

◆ 一台吊扇，采用电容分相式单相异步电动机，接通电源后，无法启动，而用手拨动风页却能运转，请问可能是哪些故障造成的？

◆ 家用风扇使用电容式单相异步电动机,通常采用电抗器法调速,如图4-22所示,请分析调速原理。

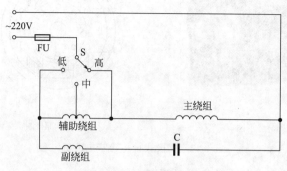

图 4-22 风扇调速电路

做一做

◆ 拆卸一个废弃的电风扇或家用洗衣机的电动机,观察它的结构。

任务五 了解直流电动机

知识目标

★ 了解直流电动机的特点及典型应用。
★ 了解直流电动机的基本结构。
★ 熟悉直流电动机的工作原理和励磁方式。
★ 熟悉直流电动机的电压方程及调速方法。

技能目标

★ 正确连接他励电动机、并励电动机。
★ 正确连接电路,通过多种方法调节直流电动机的转速,总结直流电动机的调速方法和调速性能。

应用目标

★ 根据工作环境和拖动系统的要求,正确选择电动机的类型。
★ 正确使用和维护直流电动机。

直流电机是将机械能转换为直流电能或将直流电能转换为机械能的一种装置。将机械能转换为电能的直流电机称为直流发电机;将电能转换为机械能的直流电机称为直流电动机。

1. 直流电动机的应用

直流电动机具有响应快速、启动转矩大、调速特性宽且平滑等特点,被广泛应用于电力机车、电动公交车、轧钢机、机床和启动设备等需要经常启动并调速的电气传动装置中,如图 4-23 所示。小容量直流电动机大多在自动控制系统中以伺服电动机、测速发电机等形式作为测量、执行元件使用。目前,虽然交流电动机变频调速发展迅速,在很多应用方面取代了直流电动机,但直流电动机仍以其良好的调速性能,在许多传动性能要求高的场合占据一定地位。

(a) 韶山型电力机车　　(b) 电动公交车

(c) 电动自行车　　(d) 直流伺服电机　　(e) 直流测速发电机

图 4-23　直流电动机应用

2. 直流电动机的结构

直流电动机由定子和转子两大部分组成。定子用于放置磁极和电刷,并作为机械支撑,它包括主磁极、换向极、电刷装置、机座等。转子一般称为电枢,主要包括电枢铁芯、电枢绕组、换向器。直流电动机的外形和结构如图 4-24 所示。

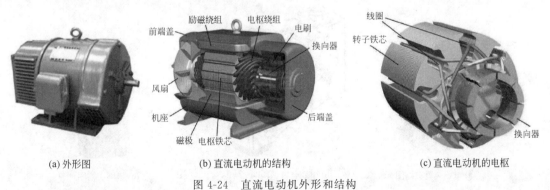

(a) 外形图　　(b) 直流电动机的结构　　(c) 直流电动机的电枢

图 4-24　直流电动机外形和结构

（1）直流电动机的定子

直流电动机的定子主要包括主磁极、换向极、电刷装置和机座。

主磁极简称主极，用于产生气隙磁场。绝大部分直流电动机的主磁极由励磁绕组通以直流电流来建立磁场，称为励磁。主磁极结构如图4-25所示。

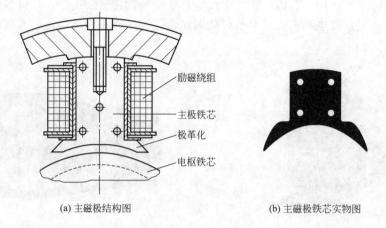

(a) 主磁极结构图　　　　(b) 主磁极铁芯实物图

图 4-25　主磁极结构

随着电子技术、新兴电力电子器件和高性能永磁材料技术和工艺的发展，目前，常用永磁材料代替直流电动机的励磁部分，产生了永磁无刷直流电动机，在中小功率范围内得到了广泛应用。

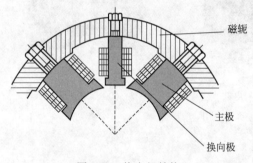

图 4-26　换向极结构

换向极专用于改善电动机换向性能，由铁芯和绕组组成，如图4-26所示。换向极装在两相邻主磁极之间，数目一般与主极数相等。对小功率直流电动机，换向极数也可以为主极数的一半，甚至可以不装。

电刷装置是连接转动和静止之间的电路，由电刷、刷握、刷杆、压紧弹簧等组成，如图4-27所示。电刷是用碳和石墨等制成的导电块，作用是与换向器配合引入、引出电流。

机座用于固定主磁极等部件，同时也作为磁路的一部分。

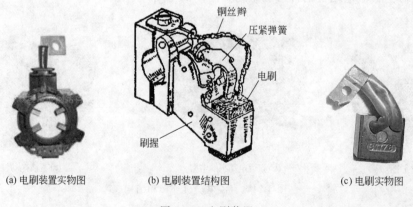

(a) 电刷装置实物图　　(b) 电刷装置结构图　　(c) 电刷实物图

图 4-27　电刷装置

（2）直流电动机的转子

直流电动机的转子由电枢铁芯（如图 4-28 所示）、电枢绕组、换向器、转轴等组成。

电枢铁芯构成磁路，并嵌放电枢绕组，一般用 0.5mm 涂过绝缘漆的硅钢片叠压而成。

电枢绕组用于产生感应电势和电磁转矩，是实现机电能量转换的枢纽。电枢绕组由绝缘导线绕制成的线圈（又称绕组元件）按一定规律连接组成，小型直流电动机的线圈用圆铜线绕制，较大容量的直流电动机用矩形截面铜材绕制，各线圈以一定规律与换向器连接。

图 4-28　电枢铁芯

换向器由许多相互绝缘的换向片组成，将刷间的直流电变成电枢绕组中的交流电，其结构如图 4-29 所示。

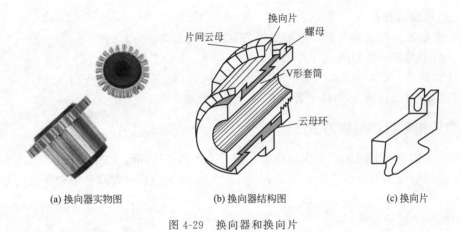

图 4-29　换向器和换向片

3. 直流电动机的工作原理

直流电动机的原理模型图如图 4-30 所示。

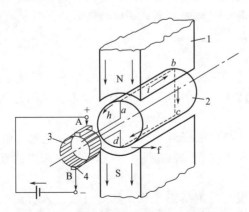

图 4-30　直流电动机的原理模型图

当电刷 A、B 两端加直流电压 U 时，电枢绕组中电流的方向和 ab、cd 边所受电磁力的方向如表 4-2 所示。

表 4-2　直流电动机线圈中的电流及转向

项目	位置		
	0°	180°	360°
ab 中电流方向	a→b	b→a	a→b
ab 边力的方向	右→左	左→右	右→左
cd 中电流方向	c→d	d→c	c→d
cd 边力的方向	左→右	右→左	左→右
转子的转向	逆时针	逆时针	逆时针

电刷 A、B 之间的电压是直流电压。但换向器使正电刷 A 始终与 N 极下的导体相连，电刷 B 始终与 S 极下的绕组相连，使转子绕组产生交变电流。所以，通过换向器和电刷的作用，将直流电动机电刷间的直流电流变成绕组内的交变电流，确保电动机沿固定的方向旋转。

直流电动机运行时具有以下特点。

① 外加电压、电流是直流，电枢绕组内的电流是交流。

② 绕组中感应电势与电流方向相反。

③ 绕组旋转，产生交变的电枢电流，但电枢电流产生的磁场在空间上是恒定的。

④ 产生的电磁转矩 T 与转子转向相同，属于驱动性质。

4. 直流电动机的励磁方式

励磁方式指直流电动机产生主磁极的方式，有永久磁铁和给主磁极绕组通直流电两种方式。根据主磁极绕组与电枢绕组连接方式的不同，可分为他励、并励、串励和复励四种励磁方式。

(1) 永磁直流电动机

永磁直流电动机通过永久磁铁产生主磁极，最初只用于小功率电气设备，20 世纪 80 年代起，由于钕铁硼永磁材料的发现，使永磁直流电动机的功率从毫瓦级发展到 1kW 以上。目前，制作永磁直流电动机的永磁材料主要有铝镍钴、铁氧体及稀土（如钕铁硼）等三类。

用永磁材料制作的直流电动机分为有刷（有电刷）和无刷两类。无刷直流电动机由于不通过碳刷和换向器进行换向，过载能力强，高速性能好，而且具有结构简单、效率高、无转子损耗的特点，应用越来越广泛。

(2) 他励电动机

他励电动机的电枢绕组和励磁绕组分别由两个独立的电流供电，电枢电压和励磁电压无关，如图 4-31 所示。永磁直流电动机可以看作是他励电动机的特殊形式。

(3) 并励电动机

并励电动机的励磁绕组与电枢绕组并联，由同一电源供电，电枢电压和励磁电压相等，总电流等于电枢电流和励磁电流之和，如图 4-32 所示，机床中的直流电动机均为这种类型。

(4) 串励电动机

串励电动机的励磁绕组与电枢绕组串联，然后直接接入直流电源，如图 4-33 所示，我国电力机车中的直流电动机多为这种类型。

(5) 复励电动机

复励电动机的励磁绕组分为两部分，一部分与电枢绕组并联，称并励绕组，通常匝数多而线径细；另一部分与电枢绕组串联，称串励绕组，通常匝数少而线径粗，如图 4-34 所示。

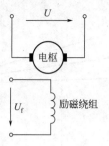
图 4-31　他励电动机

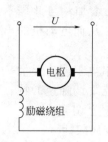
图 4-32　并励电动机

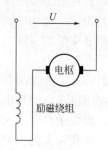
图 4-33　串励电动机

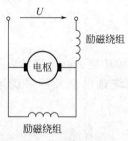
图 4-34　复励电动机

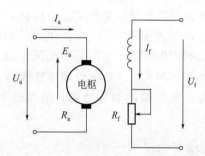
图 4-35　他励电动机等效电路

5. 直流电动机的电压方程及调速

（1）直流电动机的电压方程

直流电动机的电路包括电枢支路和励磁支路。分析直流电动机时，最好先根据励磁方式画出电动机的电路连线，并按照电动机惯例标注，现以他励电动机为例进行说明，其等效电路如图 4-35 所示。

电动势平衡方程式

$$U_a = E_a + I_a R_a \tag{4-7}$$

式中，R_a 为电枢回路的总电阻。

式（4-7）表明，直流电动机在运行状态下，电枢电动势 E_a 小于端电压 U_a。

因为
$$E_a = C_e \phi_m n$$

有
$$U_a = C_e \phi_m n + I_a R_a \tag{4-8}$$

式（4-8）称为直流电动机的电枢电压方程。

（2）直流电动机的调速

从直流电动机的电枢电压方程可知：$n = \dfrac{U_a - I_a R_a}{C_e \phi_m}$，因此，直流电动机可以通过电枢回路串电阻（变 R_a）、改变励磁电流（变 ϕ_m）和改变电枢电压（变 U_a）三种方法调速。

① 电枢回路串电阻调速　由于调速前后负载转矩不变（设为恒转矩负载），因此调速前后的电枢电流值亦保持不变。但串入电阻后损耗增加，效率降低，很不经济，因此这种调速方法只在不得已时才采用，串入的电阻越大，转速越低。

② 改变励磁电流调速　调节励磁电流，改变主磁通 ϕ_m，可以平滑地、较大范围改变电动机的速度，图 4-36 为并励电动机改变励磁电流的调速情况。

在负载转矩不变的情况下，减小励磁电流将使电动机转速升高，电动机输出功率随之增加；与此同时，电枢电流增加，输入功率也增加，从而电动机的效率几乎不变。

由此可见，改变励磁电流调速较串电阻调速要优越，也实用得多。但与串电阻调速只能下调降速的特点相反，改变励磁调速通常也只适合于上调升速。也就是说，要真正大范围调速，它们都有局限性。

③ 改变电枢电压调速　改变电枢电压是一种比较灵活的调速方式。转速既可升高也可降低，配合励磁调节，调速范围还可以更加宽广。因此，它的应用非常普遍。调压调速需要专用直流电源，如果改变电压调速的同时辅以对整流电源采用先进控制策略和调制方案，系统不但可以获得理想的调速性能，而且可以实现正反转切换、降压启动以及后面将要介绍的能量回馈制动等功能，最终达到传统的电力传动系统难以企及的最优运行性能指标。

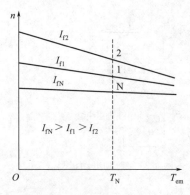

图 4-36　并励电动机改变励磁电流调速

议一议

◆ 与三相异步电动机比较，从结构、工作原理、调速特性、应用场合等方面说明直流电动机的优缺点。

◆ 直流电动机的调速方法有哪些，各有哪些特点？

想一想

◆ 如何改变并励电动机和串励电动机的转向？

做一做

◆ 连接他励直流电动机的调速电路，研究直流电动机的调速方法及性能。

◆ 通过收集电动自行车的相关资料或到专卖店观察研究，归纳电动自行车电动机的类型，比较不同类型电动自行车的性能、价格和特点。

练一练

◆ 已知某直流电动机铭牌数据如下：额定功率 $P_N=75$kW，额定电压 $U_N=220$V，额定转速 $n_N=1500$r/min，效率 $\eta=88.5\%$，试求该电动机的额定电流。

◆ 并励电动机的 $P_N=96$kW，$U_N=440$V，$I_N=255$A，$I_{fN}=5$A，$n_N=500$r/min。已知电枢电阻为 0.078Ω，试求：

(1) 电动机的额定输出转矩；
(2) 在额定电流时的电磁转矩；
(3) 电动机的空载转速；
(4) 在总制动转矩不变的情况下，电枢回路串入 0.1Ω 电阻后的稳定转速。
(5) 其他参数不变，电源电压下降到 300V 时的电动机转速。

任务六 了解特殊电动机

> **知识目标**
>
> ★ 了解同步电动机的典型应用、工作原理和转速特点。
> ★ 了解直线电动机的结构特点和工作原理。
> ★ 了解伺服电动机的典型应用、控制方式和工作特点。
> ★ 了解步进电动机的典型应用和工作原理。

> **应用目标**
>
> ★ 了解伺服电动机、步进电动机在数控机床上的应用及特点。
> ★ 了解直线电动机在车库门、磁悬浮列车上的应用及特点。

1. 同步电动机

(1) 同步电动机的应用

同步电机主要用作发电机，世界上大部分电力都是由同步发电机产生。同步电机作为电动机运行时，主要驱动一些不要求调速的大功率生产机械，如矿山、矿井的送风机、水泵、煤粉燃料炉用的球磨机，以及大型的空气压缩机。同步电动机还可以用作同步补偿机（或称同步调相机），并联在电网上空转，通过调节励磁，调节电网功率因数。

随着电力电子技术的发展，同步电动机与变频器组成无换向器电动机，没有直流电动机的机械换向器，性能与直流电动机相当，而且容量、电压、转速可以更高，广泛应用于定位精度要求很高的机电一体化设备，如数控机床、工业机器人、航空航天技术、冶金、化工及医疗等高新技术领域。

永磁同步电动机体积小、力矩大、效率高、使用方便，在电梯、船舶电力推进、混合动力汽车等领域有广泛的应用。微型同步电动机的功率最小只有几瓦，主要用于小功率拖动系统中，如光盘驱动器、仪表中的走纸、打印记录仪表装置机构等。图4-37为几种常用同步电动机的外形图。

(a) 大型同步电动机　　(b) 60TYK 永磁同步电动机　　(c) 微型同步电动机

图 4-37　常用同步电动机的外形图

(2) 同步电动机的结构

与直流电动机、三相异步电动机一样，同步电动机也是由定子和转子两大部分组成的。

① 定子　与异步电动机的定子结构基本相同，由机座、定子铁芯、电枢绕组等组成。大型的同步电动机由于尺寸太大，硅钢片常制成扇形，然后对接成圆形。

② 转子　由磁极、转轴、阻尼绕组、滑环、电刷等组成，电刷和滑环通入直流电励磁，产生固定磁极。转子结构分凸极和隐极两种类型，如图 4-38 所示。

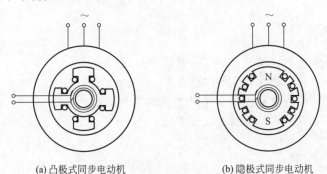

(a) 凸极式同步电动机　　(b) 隐极式同步电动机

图 4-38　同步电动机转子结构类型

凸极式转子气隙不均匀，有明显的磁极，转子铁芯短粗，适用于转速＜1000r/min，磁极对数 $p \geq 3$ 的电动机；隐极式转子气隙均匀，无明显的磁极，转子铁芯细长，适用于转速＞1500r/min，磁极对数 $p \leq 2$ 的电动机。

(3) 同步电动机的工作原理

在同步电动机的定子三相绕组通入对称三相交流电，三相绕组中产生旋转磁场，转子磁极在旋转磁场的带动下旋转，这时，转子的转速和旋转磁场的同步转速相等。

同步电动机是可逆的，当用原动机拖动已经励磁的转子旋转时，转子的磁场切割定子三相绕组，产生三相电动势，成为同步发电机。

由于同步电动机的转矩是旋转磁场与转子磁场不同极性间的吸引力所产生的，所以转子的转速始终等于旋转磁场转速，不因负载改变而改变。

2. 直线电动机

(1) 直线电动机的应用

直线电动机是将旋转电动机的定子、转子以及气隙展开成直线状，使电能直接转换成直线机械运动的一种推力装置，主要有扁平型、圆筒型和圆盘型三种形式，其中扁平型应用最广泛，其外形如图 4-39 所示。

(a) 扁平型直线电动机　　(b) 圆筒型直线电动机

图 4-39　直线电动机的外形

直线异步电动机主要应用于各种直线传动的电力拖动系统，如门自动开闭装置、自动搬运装置、传送带、带锯、直线打桩机等；也用于自动控制系统中，如液态金属电磁泵、门阀、开关自动开闭装置以及自动生产线、机械手等。

直线异步电动机与磁悬浮技术结合，应用于高速列车上，可使列车高速而无振动行驶，成为一种最先进的地面交通工具，广州地铁5号线使用直线电机进行牵引。

（2）直线电动机的结构

直线电动机的结构可以看作是将一台旋转电动机沿径向剖开，并将电动机的圆周展开成直线而形成的，其中定子相当于直线电动机的一次侧，转子相当于直线电动机的二次侧，实际应用时，一次侧和二次侧长度不相等，图4-40为扁平型直线电动机的结构原理图。

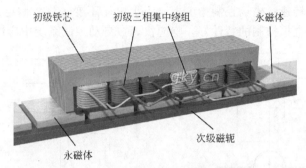

图4-40　扁平型直线电动机的结构原理图

（3）直线电动机的工作原理

当一次侧的三相（或多相）绕组通入对称三相正弦交流电时，在一次侧和二次侧之间产生气隙磁场，与旋转电动机的旋转磁场相似，但它不旋转，而是沿直线平移，称为行波磁场。行波磁场切割二次侧导条，将在导条中产生感应电动势和感应电流，所有导条的电流和行波磁场相互作用，产生电磁力。如果一次侧固定，则二次侧在这个电磁力的作用下顺着行波磁场的移动方向做直线运动。

和旋转电动机相似，改变电源频率或极距，可以改变二次侧移动的速度；改变一次侧绕组中电源相序，可以改变二次侧移动的方向。

3. 伺服电动机

伺服电动机在自动控制系统中作为执行元件，即电动机在控制电压的作用下将电信号转换成转轴的角位移或角速度，驱动工作机械。它通常作为随动系统、遥测和遥控系统及各种增量运动控制系统的主传动元件。

数控机床伺服系统是以机床移动部件的机械位移为直接控制目标的自动控制系统，也称为位置随动系统，它接收来自插补器的步进脉冲，经过变换、放大后转化为机床工作台的位移。高性能的数控机床伺服系统还由检测元件反馈实际的输出位置，并由位置调节器构成位置闭环控制。

伺服电动机包括直流和交流两大类，如图4-41所示。直流伺服电动机一般输出功率较大，交流伺服电动机一般输出功率较小。

(a) 直流有刷伺服电动机　　(b) 直流无刷伺服电动机　　(c) 交流伺服电动机

图4-41　伺服电动机

(1) 直流伺服电动机

① 结构与工作原理　直流伺服电动机的结构和工作原理与普通直流电动机基本相同。

根据励磁方式的不同,直流伺服电动机分为永磁式直流伺服电动机和电磁式直流伺服电动机。永磁式直流伺服电动机的磁极由永久磁铁制成,不需要励磁电源和励磁绕组;电磁式直流伺服电动机一般采用他励结构,磁极由励磁绕组构成,由单独的励磁电源供电。

② 控制方式　直流伺服电动机的控制方式有电枢控制和磁场控制两种类型,其控制原理如图 4-42 所示。电枢控制指电动机的励磁绕组的励磁电压不变,将控制电压作用于电枢绕组,控制电动机的转速;磁场控制指电枢绕组上电压不变,将控制电压作用于励磁绕组,控制电动机的转速。电枢控制的特性好,响应快,在自动控制系统中应用比较广泛。

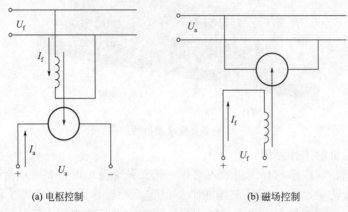

(a) 电枢控制　　　　　　　(b) 磁场控制

图 4-42　直流伺服电动机控制原理

(2) 交流伺服电动机

① 结构　交流伺服电动机的结构与单相异步电动机相似,可分为定子和转子两部分。定子铁芯中放置着空间互成 90°的两相绕组,一组为励磁绕组,工作时其两端加单相交流电压 U_f;另一组为控制绕组,工作时加控制电压 U_a。

② 工作原理　交流伺服电动机的工作原理和单相异步电动机相似,如图 4-43 所示。

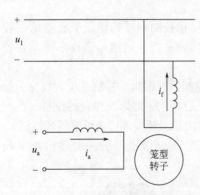

图 4-43　交流伺服电动机的工作原理

工作时,交流伺服电动机的励磁绕组通入单相交流电,控制绕组的控制电压由伺服放大器提供。励磁电压和控制电压频率相同,相位相差 90°,共同作用产生旋转磁场。在旋转磁场作用下,在转子中产生感应电动势和感应电流。转子电流与旋转磁场相互作用,产生电磁转矩,带动转子转动。改变控制电压的大小和相位,可以改变正向旋转磁场和反向旋转磁场的比值,使伺服电动机的合成转矩和转速发生改变。

电动机转动后,断开控制绕组,电动机仍然转动,称伺服电动机的"自转"。通常采取增加转子电阻的办法避免伺服电动机的"自转"现象。

③ 控制方法　交流伺服电动机的控制方法有幅值控制、相位控制和幅相控制三种类型。幅值控制是指 u_a 的相位保持不变,通过改变 u_a 的幅值来控制电动机的转速。

相位控制是指 u_a 的幅值保持不变,通过改变 u_a 的相位来调节控制电流 i_a 与励磁电流 i_f 之间的相位差,从而控制电动机的转速。

幅相控制同时改变控制电压 u_a 的幅值及控制电流 i_a 与励磁电流 i_f 之间的相位差,达到控制电动机转速的目的。具体方法是在励磁绕组回路中串接电容 C,用于产生两相旋转磁场。

4. 步进电动机

步进电动机将电脉冲转化为相应角位移,角位移量与脉冲数成正比,转速与脉冲频率成正比。在数字控制系统中,步进电动机常用作执行元件。

步进电动机广泛应用于机械加工、绘图机、机器人、计算机的外部设备、自动记录仪表等调速性能和定位要求不是非常精确的简易数控设备的位置控制。

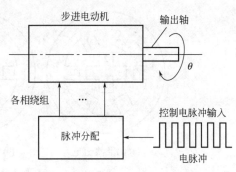

图 4-44 步进电动机(旋转式)控制示意图

数控机床工作过程是:首先按照零件的加工要求和加工工序编制加工程序,将该程序送入计算机,计算机根据程序中的数据和指令进行计算和控制;然后根据计算结果向各个方向的步进驱动器发出相应的控制脉冲信号,步进驱动器接收到一个脉冲信号,它就驱动步进电动机按设定的方向转动一个固定的角度,其控制示意图如图 4-44 所示。

可以通过控制脉冲个数来控制角位移量,从而达到准确定位的目的;同时可以控制脉冲频率来控制电动机转动的速度和加速度,达到调速的目的。

步进电动机按结构特点可分为反应式、永磁式和混磁式三种类型,其外形如图 4-45 所示。

(a) 反应式步进电动机　　(b) 永磁式步进电动机　　(c) 混磁式步进电动机

图 4-45 步进电动机外形

(1) 步进电动机的结构

反应式步进电动机模型的结构如图 4-46 所示。它的定子、转子铁芯和三相异步电动机相同,都是由硅钢片叠压而成。定子上有六个磁极,每两个相对的磁极上有同一相控制绕组,同一相控制绕组可以并联或串联。转子铁芯上没有绕组,只有四个齿,齿宽等于极靴宽。

(2) 步进电动机的工作原理

① 三相单三拍控制方式　反应式步进电动机的工作原理如图 4-47 所示。

U 相控制绕组通电,V、W 两相控制绕组不通电时,由于磁感线总是通过磁阻最小的路径闭合,转子将受到磁阻转矩的作用,转子 1、3 两齿将被 U 相磁极吸引,与 U 相磁极轴线对齐,如图 4-47(a) 所示。

图 4-46 反应式步进电动机模型的结构示意图

V 相控制绕组通电,U、W 两相控制绕组不通电时,转子齿 2 和 4 被磁极 V 吸住,与 V 相磁极轴线对齐,转子顺时针转过 30°,如图 4-47(b) 所示。

同理,当 W 相控制绕组通电,U、V 两相控制绕组不通电时,与 W 相磁极最近的转子

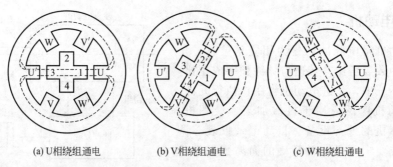

(a) U相绕组通电　　　　(b) V相绕组通电　　　　(c) W相绕组通电

图 4-47　反应式步进电动机三相单三拍控制的工作原理

齿 1 和 3 将旋转至与 W 相磁极轴线对齐，转子再次顺时针转动 30°，如图 4-46(c) 所示。

这样，按照 U→V→W→U→…… 的顺序轮流给各相控制绕组通电，步进电动机的转子就会在磁阻转矩的作用下顺时针方向一步一步转动。如果控制绕组的通电顺序为 U→W→V→U→……，则步进电动机将逆时针转动。

控制绕组从一种通电状态变换到另一种通电状态，称为"一拍"，每一拍转过的角度称为步距角。

反应式步进电动机每次只有一相绕组通电，切换三次为一个循环，称为三相单三拍控制方式。

② 三相双三拍和三相单、双六拍控制方式　三相双三拍控制的通电顺序为 UV→VW→WU→UV→……，每次有两绕组同时通电，切换三次为一个循环，步距角与三相单三拍控制方式相同，也为 30°。

三相单、双六拍控制方式的通电顺序为 U→UV→V→VW→W→WU→U→……，完成一个循环需要六拍。三相六拍控制方式的步距角只有三相单三拍和三相双三拍的一半，为 15°。

三相双三拍和三相单、双六拍控制方式在切换过程中始终保证有一相控制绕组持续通电，使转子尽量保持原来的位置，工作比较平稳。三相单三拍控制方式没有这种功能，在切换瞬间，转子失去自锁能力，容易使转动步数与拍数不相等而失步，在平衡位置也容易产生振荡。

设转子齿数为 Z_r，转子转过一个齿需要的拍数为 N，则步距角：

$$\theta_b = \frac{360°}{Z_r N} \tag{4-9}$$

每输入一个脉冲，转子转过 $\frac{1}{Z_r N}$ 转，若脉冲电源的频率为 f，则步进电动机的转速为：

$$n = \frac{60f}{Z_r N} \tag{4-10}$$

可见，反应式步进电动机的转速取决于脉冲频率、转子齿数和拍数，与电压和负载等因素无关。

三相反应式步进电动机的步距角太大，难以满足生产中小位移量的要求。为了减小步距角，实际中将转子和定子磁极都加工成多齿结构。国内常见的反应式步进电动机的步距角有 1.2°/0.6°、1.5°/0.75°、1.8°/0.9°、2°/1° 等。步进电动机一般采用专用驱动电源进行调速控制，驱动电源主要由脉冲分配器和脉冲功率放大器两部分组成。

议一议

◆ 比较同步电动机和异步电动机在结构、工作原理和性能特点等方面的相同点和不同点。

◆ 说明直线电动机与旋转电动机的主要相同点和不同点。

做一做

◆ 数控机床有步进电动机驱动的,也有伺服电动机驱动的,查阅相关资料,比较步进电动机驱动与伺服电动机驱动的数控机床在工作原理、性能特点以及价格方面的区别。

◆ 查阅资料,说明磁悬浮列车的工作原理。

扫一扫

模块四 习题解答

模块五 电动机的基本控制电路

电动机的作用是将电能转换成机械能，拖动各种机械设备工作，电动机及拖动系统的组成如图5-1所示。

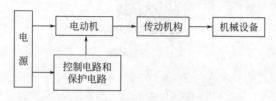

图5-1 电动机及拖动系统的组成

电动机的基本控制包括启动、停车、正反转、调速及制动，通常采用继电-接触控制和PLC（可编程序控制器）控制，继电-接触控制电路简单实用，成本低，但只能适应某一种控制设备，如果控制程序变动，需要重新配线。PLC控制可以方便地改变控制功能，通用性强，可靠性高，已经广泛应用于工业自动化的各个领域。

任务一 熟悉常用电气控制设备

扫一扫

知识目标 ▶▶

★ 熟悉刀开关、转换开关的作用、图形及文字符号，了解低压断路器的工作特点及作用。
★ 熟悉按钮的作用、工作特点、图形及文字符号。
★ 掌握交流接触器的结构、工作原理、图形及文字符号。
★ 熟悉熔断器的作用、工作原理、图形及文字符号。
★ 熟悉热继电器的作用、图形及文字符号。

技能目标 ▶▶

★ 利用万用表判断按钮的动合触点和动断触点。
★ 正确区分接触器的主触点、辅助触点，并利用万用表判断接触器的线圈、动合触点、动断触点。

★ 正确安装刀开关和转换开关。

> **应用目标**

★ 认识刀开关、按钮、接触器、熔断器和热继电器等常用低压电器。
★ 正确使用刀开关、熔断器。

由低压电器组成的控制电路称为继电-接触控制电路，包括开关、按钮、接触器和热继电器等控制设备，主要实现电动机的自动控制、保护和监测功能。了解低压电器的结构、特点及性能，对于安装、调试和维护机电设备非常重要。

1. 开关

开关的作用是接通或断开电路，负荷开关还兼有一定的保护作用。

（1）刀开关

刀开关属于手动电器，主要用于低压配电设备中不频繁接通、断开电路或隔离电源。其实物图、图形及文字符号如图 5-2 所示。

保护型开启式刀开关

户外刀开关

(a) 实物图

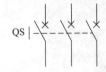

(b) 三极刀开关的图形及文字符号

图 5-2　刀开关

刀开关结构简单，使用方便，但体积大，动作速度慢，带负荷操作时容易产生电弧，不安全。目前新开发的保护型刀开关将导电部分基本密封，在一定程度上提高了操作的安全性。

刀开关垂直安装时，操作把柄向上合为接通电源；向下拉为断开电源，不能反装，否则会因闸刀松动，自然下落而误将电源接通。刀开关的额定电流应大于它所控制的最大负荷电流。

（2）转换开关

转换开关是一种转动式的刀开关，它主要用于接通或切断电路、换接电源、控制小型异步电动机的启动、停止、正反转或局部照明，其实物图和结构图如图 5-3 所示。

（3）低压断路器

低压断路器又称自动空气开关或自动空气断路器，能够带负载接通或断开电路，并具有过载、短路、失压等保护功能，可以有效地保护电路、电气设备及人身的安全，因此得到了越来越广泛的应用，其实物图、结构原理图、图形及文字符号如图 5-4 所示。

正常情况下，接入电路的两个线圈通电，带动连杆装置维持系统平衡；当电路过载或短路时，电流过大，过流脱扣器的衔铁释放，通过连杆装置使触点断开；当电源电压过低时，欠压脱扣器动作，断开电路。

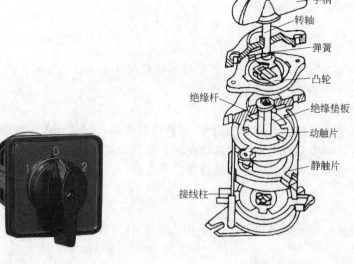

(a) LW8万能转换开关实物图　　　　(b) 结构图

图 5-3　转换开关

小型断路器　　　塑料外壳式断路器　　智能型万能式低压断路器

(a) 常用断路器实物图

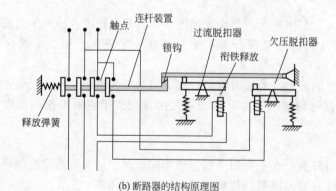　

(b) 断路器的结构原理图　　　　(c) 图形及文字符号

图 5-4　低压断路器

2. 按钮

按钮通常用来接通或断开电流较小的控制电路，达到控制电动机或其他电气设备运行的目的。其实物图、结构图、图形及文字符号如图 5-5 所示。

如果按钮按下时触点闭合，称动合触点；按下时触点断开，称动断触点。一个按钮通常有多对动合触点和动断触点。当按钮松开后，所有的触点将恢复原来状态。

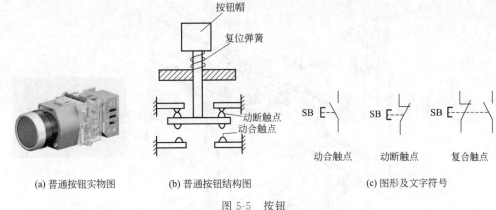

(a) 普通按钮实物图　　(b) 普通按钮结构图　　(c) 图形及文字符号

图 5-5　按钮

3. 接触器

接触器用于频繁、远距离接通或切断主电路或大容量控制电路，兼有欠压、失压保护功能。控制电路中，接触器的主要控制对象是电动机，具有操作频率高、工作可靠、维护方便等优点。

接触器由电磁操作机构、触点和灭弧装置等三部分组成。

电磁操作机构实际上是一个电磁铁，由线圈和铁芯组成。

触点分为主触点和辅助触点，主触点一般为三对动合触点，电流容量大，通常装有灭弧装置，主要用于主电路。辅助触点有动合和动断两种类型，主要用于控制电路。

接触器的工作原理：线圈通电时，产生电磁力，通过传动机构使触点动作，接通或断开电路；线圈断电后，所有触点复位。

接触器的实物图、结构图、图形及文字符号如图 5-6 所示。

4. 熔断器

熔断器是应用最广泛的保护电器，主要对电路进行短路保护和严重过载保护，一般由支持件和熔体两部分组成。根据被保护线路的不同，熔断器的额定电流差别很大，外形也多种多样，其实物图、结构图、图形及文字符号如图 5-7 所示。

工作时，熔断器串联在被保护电路中，当电路发生短路或严重过载时，熔断器中的熔体将自动熔断，切断电路，起到保护作用。

CJX1 系列交流接触器

CJ12 系列交流接触器

(a) 实物图

图 5-6

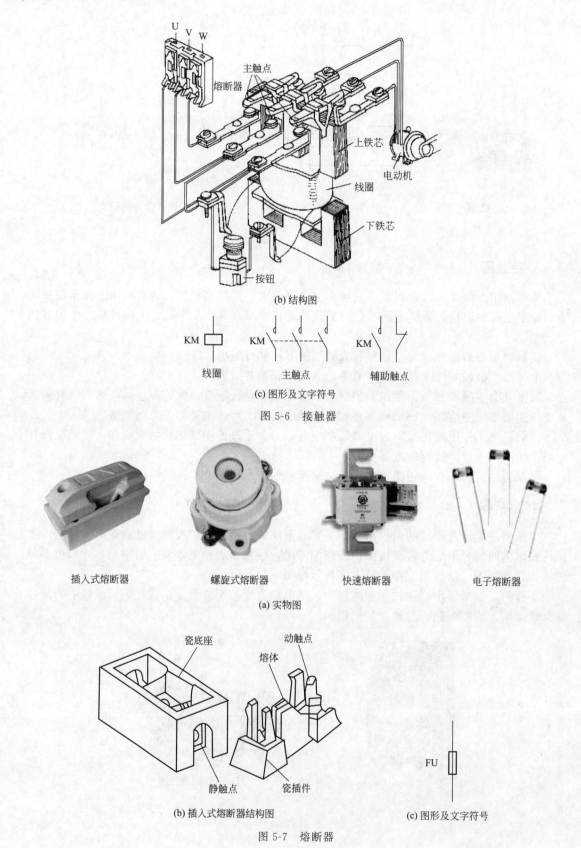

图 5-6 接触器

图 5-7 熔断器

5. 热继电器

热继电器是利用电流的热效应来推动触点动作的一种保护电器，主要由热元件、双金属片、触点系统和传动机构等部分组成，其实物图、结构原理图、图形及文字符号如图5-8所示。

JR36系列热继电器

NRE8电子式热过载继电器

(a) 实物图

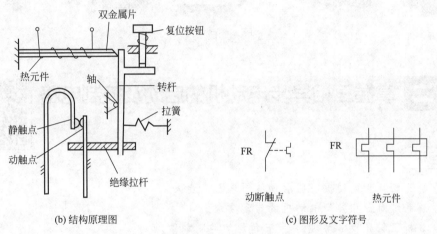

(b) 结构原理图　　　　　　　(c) 图形及文字符号

图 5-8　热继电器

当电流超过额定电流时，传动机构使热继电器动作，电流越大，动作时间越短。因此，热继电器用于电动机或其他负载的过载保护以及三相电动机的缺相运行保护。热继电器动作后，按下复位按钮即可复位，重新使用。

议一议

◆ 在电动机主电路中，既然装有熔断器，为什么还要装热继电器？它们的作用有什么不同？为什么照明电路只装熔断器而不装热继电器？

想一想

◆ 按钮和开关的作用有什么不同？
◆ 接触器的主触点和辅助触点各有什么特点？如何区分动合触点和动断触点？

做一做

◆ 利用万用表判断接触器的线圈、动合辅助触点和动断辅助触点。
◆ 利用万用表判断按钮的动合触点和动断触点。
◆ 观察周围的电路，看看用了哪些低压电器。现在新建的住宅通常都装了低压断路器，还需要再装刀开关和熔断器吗?

练一练

◆ 画出下列低压电器元件的图形符号,并标出对应的文字符号:①低压断路器;②熔断器;③接触器的主触点;④复合触点;⑤热继电器的热元件;⑥刀开关;⑦接触器的动合触点。

◆ 写出图5-9所示低压电器的名称,说明它们在电路中的作用。

图5-9 低压电器

任务二 掌握三相异步电动机的启动及控制电路

扫一扫

知识目标 ▶▶

★ 了解三相异步电动机降压启动的原理及实现方法。
★ 了解系统对三相异步电动机的启动要求。
★ 会分析三相异步电动机的星-三角启动控制电路。

技能目标 ▶▶

★ 会连接三相异步电动机点动运行、连续运行控制电路。
★ 会连接三相异步电动机的星-三角启动控制电路。

应用目标 ▶▶

★ 了解常用机床的启动方法及控制电路。

启动指异步电动机接通电源后转速从零逐渐上升到稳定转速的过程。异步电动机启动时,电流较大,为额定电流的5~7倍,但由于功率因数较低,启动转矩并不大。因此,异步电动机启动存在的主要问题是:启动电流大,而启动转矩并不大。但拖动系统通常要求异步电动机在满足启动转矩的前提下,尽量减小启动电流。实际应用中,三相异步电动机常用的启动方法有直接启动和降压启动。

1. 直接启动及控制电路

(1) 直接启动的方法及特点

电动机直接接通电源启动,称直接启动。这种启动方法简单、经济,启动时间短,但启动电流大，通常只适用于小容量电动机。

（2）直接启动控制电路

三相异步电动机最常用的直接启动控制电路如图 5-10 所示。

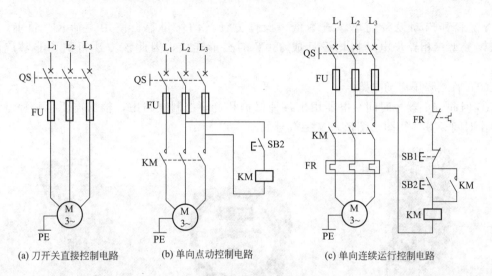

图 5-10　三相异步电动机直接启动控制电路

图 5-10（a）为刀开关直接控制电路，电路中的熔断器用于短路保护。生产车间的三相电风扇、砂轮机、小型钻台等常使用这种控制电路。

图 5-10（b）为单向点动控制电路，它分为主电路和控制电路两部分。主电路指电动机所在的电路，一般电流较大，由刀开关、熔断器、交流接触器的主触点及电动机组成；控制电路电流较小，由按钮和接触器的线圈组成。

电动机启动过程为：合上刀开关 QS→按下按钮 SB2→接触器 KM 线圈得电→主触点 KM 闭合→电动机接通电源运转。

电动机停车过程为：松开按钮 SB2→接触器 KM 线圈失电→主触点 KM 恢复原来状态，断开→电动机因失电而停转。

点动控制电路在工业生产中应用较多，电动葫芦、砂轮机、机床工作台的上、下移动等。

图 5-10（c）为单向连续运行控制电路。

连续运行电动机启动过程如下：合上刀开关 QS→按下启动按钮 SB2→接触器 KM 线圈得电→{主触点闭合→电动机接通电源运转　接触器 KM 的动合触点闭合，此时，即使松开启动按钮，线圈持续通电，电动机持续运转，这种现象称为自锁。

停车过程如下：按停车按钮 SB1→接触器 KM 线圈失电→主触点恢复原来状态，断开→电动机因失电而停转，同时 KM 的辅助触点断开，解除自锁。

图 5-9（c）所示电路具有熔断器进行的短路保护；热继电器进行的过载保护；接触器兼有欠压、失压保护作用。

2. Y-△（星-三角）降压启动及控制电路

（1）Y-△降压启动的方法及特点

Y-△降压启动只适用于定子绕组△形连接，且每相绕组都有两个引出端子的笼型三相异步电动机。启动时定子绕组接成Y形，此时定子每相绕组所加电压为额定电压的$\frac{1}{\sqrt{3}}$，实现降压。当转速上升至一定值时，电路进行切换，定子绕组恢复为△形连接，电动机在全压下运行。

Y-△降压启动设备简单，成本低，操作方便，动作可靠，使用寿命长。目前，4～100kW笼型三相异步电动机均设计成380V的△形连接，因此该方法得到了非常广泛的应用。

(2) Y-△降压启动电路

① 时间继电器　时间继电器用于各种保护和自动控制线路中，根据需要延长控制元件的动作时间。其实物图、图形及文字符号如图5-11所示。

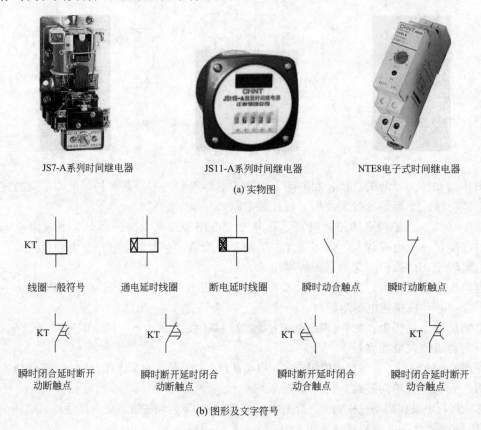

图 5-11　时间继电器

根据延时方式，时间继电器可分为通电延时和断电延时两种类型。当线圈通电后，铁芯吸合，使瞬动触点动作，同时在弹簧、橡皮膜的作用下使活塞杆缓慢地上升，经过一段时间后，延时触点动作。

旋转延时调节螺钉，可调节进气口的大小，从而得到不同的延时。进气快则延时短，进气慢则延时长。

② Y-△降压启动控制电路　笼型三相异步电动机Y-△降压启动控制电路如图5-12所示，控制电路分析如下。

a. 合上低压断路器QF，引入三相电源。

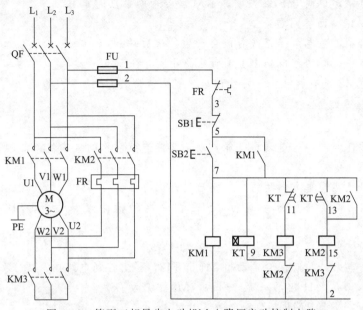

图 5-12　笼型三相异步电动机 Y-△ 降压启动控制电路

b. 按下启动按钮 SB2→交流接触器 KM1 线圈得电→动合触点 KM1$_{5-7}$ 闭合，自锁→主触点闭合→接通三相电源

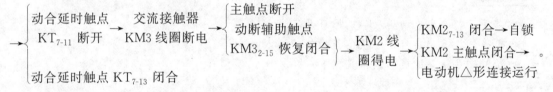

c. 时间继电器 KT 整定时间到

$\left\{\begin{array}{l}\text{动合延时触点}\\\text{KT}_{7-11} \text{ 断开}\end{array}\right.$ 交流接触器 KM3 线圈断电 $\left\{\begin{array}{l}\text{主触点断开}\\\text{动断辅助触点}\\\text{KM3}_{2-15} \text{ 恢复闭合}\end{array}\right.$ → KM2 线圈得电 $\left\{\begin{array}{l}\text{KM2}_{7-13} \text{ 闭合→自锁}\\\text{KM2 主触点闭合→}\\\text{电动机 △ 形连接运行}\end{array}\right.$。

动合延时触点 KT$_{7-13}$ 闭合

d. 电动机的过载保护由热继电器 FR 完成。

e. 线路中，如果接触器 KM1、KM2 线圈同时得电，其主触点都将闭合，造成电源短路。电路采取了可靠的措施防止这类事故发生，称为互锁，如：KM2 动断触点接入 KM3 线圈回路；KM3 动断触点接入 KM2 线圈回路。

议一议

◆ 笼型三相异步电动机的启动方法有哪些？各有什么特点？

◆ 什么叫"自锁"？在图 5-10(c) 中，如果没有 KM 的自锁触点，控制电路的功能有怎样的改变？如果自锁触点因熔焊而不能断开，对控制电路又会有怎样的影响？

想一想

◆ 阅读图 5-10(c) 电路，回答问题：

(1) 电路能够对电动机实现哪些控制？

(2) 电路具有哪些保护？分别由哪些元件或设备实现？

（3）联系电路，说明与 SB2 并联的 KM 动合辅助触点的作用。

◆ 阅读图 5-12，回答问题：

（1）该电路中，主电路接错线可能会产生什么后果？

（2）该电路中，时间继电器 KT 有什么作用？

（3）假设 KM2 不能够动作，可能的故障原因有哪些？

练一练

◆ 设计用按钮控制一台电动机既能点动，又能连续动作的控制线路，画出主电路和控制电路。要求如下：

（1）电动机只实现单方向运行，直接启动；

（2）SB1 控制电动机的连续运行，SB2 控制电动机的点动运行，SB3 控制电动机的停止；

（3）具有短路保护、过载保护和欠压、失压保护。

◆ 设计一个电路，控制两台电动机 M1 和 M2，画出控制电路图，要求如下：

（1）M1 先启动，M1 启动一定时间后，M2 才启动；

（2）如果 M2 停止，M1 立即停止。

任务三　掌握三相异步电动机的反转及控制电路

扫一扫

知识目标 ▶▶

★ 掌握三相异步电动机反转的原理及实现方法。
★ 正确分析三相异步电动机的正反转控制电路。
★ 了解"互锁"的概念及意义。

技能目标 ▶▶

★ 正确连接三相异步电动机的正、反转控制电路。
★ 根据三相异步电动机的运行情况，查找正反转控制电路的简单故障，并进行改正。

应用目标 ▶▶

★ 正确操作和简单维护电气设备的正反转控制电路。
★ 了解钻床、铣床等常用机床的反转方法及控制电路，为正确操作和使用常用机床奠定基础。

1. 三相异步电动机反转的方法

在生产过程中，很多生产机械的运行部件都需要正、反两个方向运动，如机床工作台的前进、后退，摇臂钻床中摇臂的上升和下降、夹紧和放松等。要实现三相异步电动机的反转，只需将电动机所接三相电源的任意两根对调即可。

2. 三相异步电动机的正反转控制电路

三相异步电动机的正反转控制电路如图 5-13 所示，电路分析如下。

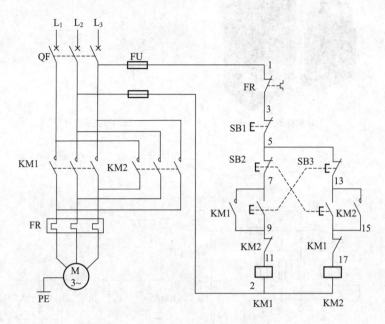

图 5-13 三相异步电动机的正反转控制电路

（1）正向启动
① 合上低压断路器 QF，接通三相电源。
② 按下正向启动按钮 SB3→KM1 线圈得电→$\begin{cases} KM1_{7-9} \text{ 闭合}\rightarrow \text{自锁} \\ \text{主触点闭合}\rightarrow \text{电源相序为}\ L_1、L_2、L_3 \rightarrow \text{电动机正向运行。} \end{cases}$

（2）改变电动机的转向

按下反向启动按钮 SB2→KM2 线圈得电→$\begin{cases} KM2_{13-15} \text{ 闭合}\rightarrow \text{自锁} \\ \text{主触点闭合}\rightarrow \text{电源相序为}\ L_3、L_2、L_1 \rightarrow \text{电动机反向运行。} \end{cases}$

（3）互锁环节
① 接触器互锁　KM1 线圈回路串入动断触点 $KM2_{9-11}$，KM2 线圈回路串入动断触点 $KM1_{15-17}$。
② 按钮互锁　按钮 SB2、SB3 均为复合按钮，其动断触点分别接入 KM2、KM1 线圈回路，保证任何时刻 KM1、KM2 只有一个线圈得电。

电动机具有过载保护，由热继电器 FR 实现；具有短路保护，由熔断器 FU 实现；具有欠压、失压保护，由接触器实现。电气控制系统中，常用行程开关控制机械设备的行程、实现自动往返或限位。行程开关由操作头、触点和外壳组成，其实物图、图形及文字符号如图 5-14 所示。

将行程开关 SQ1 和 SQ2 分别安装在工作台的两端，可以实现电动机在工作台自动往返控制，电路如图 5-15 所示。

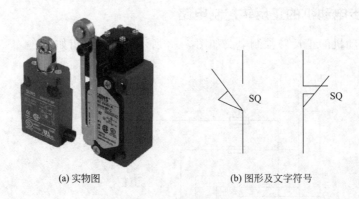

(a) 实物图　　　　　　　(b) 图形及文字符号

图 5-14　行程开关

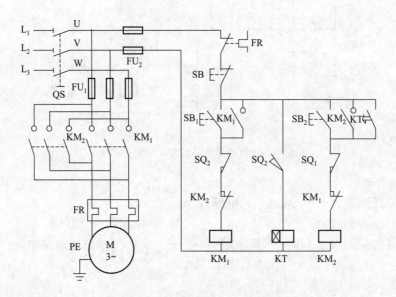

图 5-15　电动机自动往返控制电路

想一想

◆ 什么叫"互锁"？如果三相异步电动机的正反转控制电路没有"互锁"环节，将出现什么问题？

做一做

◆ 利用按钮、刀开关、接触器等常用低压电器设备连接三相异步电动机正反转控制电路，要求具有互锁功能和基本保护。

练一练

◆ 图 5-16 为三相异步电动机的正反转控制电路，要求具有双重互锁。请阅读电路，指出电路图中的错误并改正。

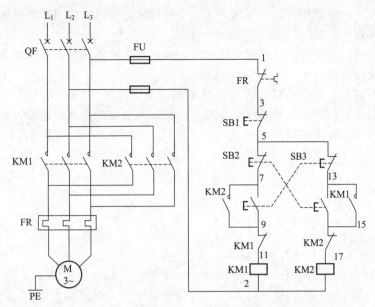

图 5-16 三相异步电动机的正反转控制电路

任务四 掌握三相异步电动机的调速及其控制

知识目标

★ 了解三相异步电动机调速的原理及实现方法。
★ 了解系统对三相异步电动机的调速要求。
★ 正确分析双速电动机的控制电路。
★ 了解变频器及其控制电路。

技能目标

★ 利用变频器对三相异步电动机实现调速控制。
★ 正确连接双速电动机的控制电路。

应用目标

★ 正确操作和简单维护三相异步电动机调速控制电路。
★ 熟悉简单变频调速控制电路和双速电动机的控制电路，为分析机床电路、正确操作机床奠定基础。

1. 三相异步电动机调速的方法及特点

调速是指用人为的方法改变异步电动机的转速。由转差率的计算公式可得：

$$n = n_1(1-S) = \frac{60 f_1}{p}(1-S)$$

所以，三相异步电动机有三种调速方法：变极调速、变转差率调速和变频调速。

(1) 变极调速

变极调速是通过改变定子绕组的连接方式，使一半绕组中的电流方向改变，从而改变磁极对数进行调速的一种方法，如图 5-17 所示。

采用变极调速的异步电动机称为多速异步电动机。如图 5-18 所示为△/YY连接双速异步电动机定子绕组接线图。如果 1、2、3 端接电源，定子绕组为△形连接；如果将 1、2、3 端接在一起，将 4、5、6 端接到电源上，定子绕组就成了YY（双星形）连接，每相绕组中有一半反接了，即实现了变极调速。

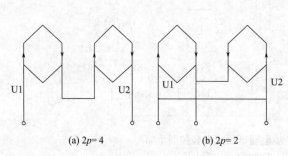

图 5-17 变极调速电动机绕组展开示意图

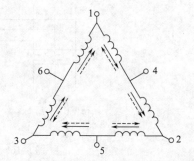

图 5-18 △/YY连接双速异步电动机定子绕组接线图

变极调速所需设备简单，但电动机绕组引出头较多，调速级数少，只用于笼型异步电动机。△/YY变极调速前后的输出功率基本不变，较多用于金属切削机床上；Y/YY变极调速的输出转矩基本不变，适用于起重机、运输带等机械。

(2) 变转差率调速

在电动机的定子绕组上串入电抗器或自耦变压器，可以调节定子绕组的电压，从而改变转差率，实现电机的调速。这种调速方法能够获得一定的调速范围，常用于拖动风机、泵类等负载。家用电器中的风扇就采用这种调速方法。

(3) 变频调速

变频调速是通过连续改变电源的频率来平滑调节电动机转速的调速方法，它具有调速范围宽、平滑性好、机械特性较硬等优点，是三相异步电动机理想的调速方法。目前，变频调速已广泛替代直流电动机，运用于要求精确、连续、灵活调速的场合。

机械加工、冶金、化工、造纸、纺织和轻工等行业的机械设备中，应用变频调速在提高成品的数量和质量、节约电能等方面取得了显著的效果，已成为改造传统生产、实现机-电一体化的重要手段。据统计，风机、水泵、压缩机等流体机械中拖动电动机的用电量占电动机总用电量的70％以上，如果使用变频器，按照负载的变化相应调节电动机的转速，就可实现较大幅度的节能。在交流电梯上使用全数字控制的变频调速系统，可有效提高电梯的乘坐舒适度等性能指标。变频空调、变频洗衣机已走入家用电器行列，并显示出强大的生命力。一直由直流电动机一统天下的电力机车、城市轨道交通、无轨电车等交通运输工业，也正在经历着一场由直流电动机向交流电动机过渡的变革，如和谐型电力机车、和谐号动车。

2. 三相异步电动机的调速控制电路

(1) 双速电动机的控制电路

双速电动机可以实现在调速装置不变的前提下使调速范围和速度挡数成倍地增加，是最简单易行的调速方式,被广泛应用于生产实践。

采用按钮控制直接启动的双速电动机控制电路如图 5-19 所示。图中 KM1 为电动机三角形连接用接触器,KM2、KM3 为电动机双星形连接用接触器,SB1 为停车按钮,SB2 为低速按钮(电动机三角形连接),SB3 为高速(电动机双星形连接)按钮,HL1、HL2 分别为低高速信号指示灯。

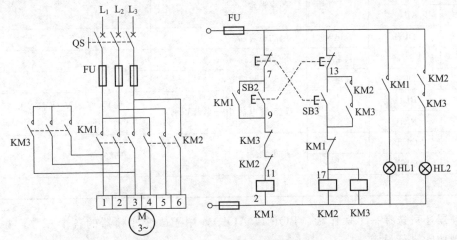

图 5-19 双速电动机按钮控制电路

电路的操作过程和工作原理如下:

合上电源 QS → 按下低速启动按钮 SB2 → KM1 线圈得电 → { 动合辅助触点闭合 → 自锁; 主触点闭合,接通电源 → 电动机△连接,低速运行 → 低速信号指示灯 HL1 亮 }

要使电动机在高速状态下运行,按高速启动按钮 SB3 → { KM2、KM3 线圈得电并自锁; KM2、KM3 主触点闭合,电动机 YY 连接 } → 高速运行 → 高速指示灯 HL2 亮。

图 5-19 中 KM2、KM3 动合辅助触点串联后形成线圈的自锁电路,保证两接触器只有在可靠工作的情况下才能进行高速运行。电路中还采用了按钮互锁,使电动机在进行高、低速换接时可以不按停车按钮而直接操作。

(2) 变频调速控制电路

变频器是实现变频调速的关键设备,其实物图和作用原理如图 5-20 所示。

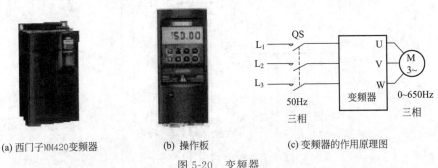

(a) 西门子 MM420 变频器   (b) 操作板   (c) 变频器的作用原理图

图 5-20 变频器

西门子 MM420 为普通变频器,内有 15 个接线端子,各端子的控制量、取值和作用如表 5-1 所示。

表 5-1 西门子变频器各端子的控制量、取值和作用

端子	控制量	取值	作用	说明
1		+10V	模拟输入电源	用于频率设定值输入或 PI 反馈信号
2		0V		
3	AIN+		频率设定	有 7 个挡,可编程。0~10V 对应的频率为 0~50Hz
4	AIN−			
5	DIN1	高电平	电动机启动	DIN1 为低电平停车
6	DIN2	高电平	电动机反向	
7	DIN3	高电平	电动机故障复位	
10、11	RL1B		输出继电器,用于故障识别	可编程,有 30V DC/5A 和 250V AC/2A 两种选择
	RL1C			
12、13	AOUT+		输出频率	0~650Hz
	AOUT−			
14、15			串行接口	

变频器还可选择一个操作板（BOP 或 AOP），用于改变变频器的各个参数，并对变频器的控制功能进行设定。

利用 MM420 对发电厂的风机实现变频调速的控制电路如图 5-21 所示。

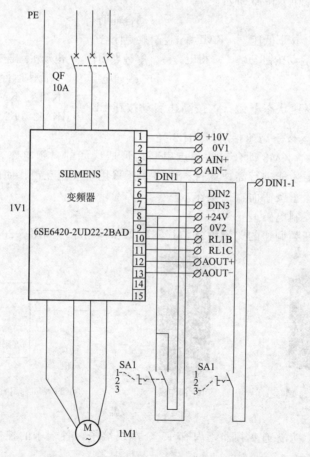

图 5-21 发电厂风机的变频调速控制电路

当变频器的端子5的电位为高电平时,电动机启动;为低电平时,电动机停车。端子6为高电平时,电动机反转。频率设定通过端子3(增加)和端子4(减小)进行,改变后的频率由端子13和12输出,其变化范围为0~650Hz。端子11和10为显示或动作继电器,用于进行故障识别。变频器输入端配置电抗器,防止变频器高次谐波对其他设备造成影响。

议一议

- 三相异步电动机的调速方法有哪些?各有什么特点?

想一想

- 双速电动机的工作原理是什么?试分析其控制电路。
- 如果低速切换到高速时,电动机转向相反,应怎么解决?

做一做

- 正确连接双速电动机的控制线路。
- 查阅资料,了解变频调速技术的应用特点和应用场合。
- 正确连接三相异步电动机变频调速控制电路。

任务五 掌握三相异步电动机的制动及控制电路

扫一扫

知识目标

★ 了解系统对三相异步电动机的制动要求。
★ 了解三相异步电动机反接制动和能耗制动的原理及实现方法。
★ 正确分析三相异步电动机的反接制动和能耗制动控制电路。

技能目标

★ 正确连接三相异步电动机的反接制动控制电路。
★ 正确连接三相异步电动机的能耗制动控制电路。

应用目标

★ 正确操作和简单维护三相异步电动机的制动控制电路。
★ 了解常用机床及设备的制动类型及实现方法,正确操作和使用常用机床。

制动是指在异步电动机轴上加一个与其旋转磁场方向相反的转矩,使电动机减速或停止。根据制动转矩产生的方法不同,可分为机械制动和电气制动两类。机械制动通常靠摩擦方法产生制动转矩,如电磁抱闸制动。电气制动使电动机产生的电磁转矩与电动机的旋转方向相反,常用的三相异步电动机的电气制动方法有反接制动和能耗制动。

1. 反接制动

(1) 反接制动的方法及原理

三相异步电动机的反接制动将三相电源中的任意两相对调,使电动机的旋转磁场反向,产生一个与原转动方向相反的制动转矩,迅速降低电动机的转速。当电动机转速接近零时,立即切断电源。这种制动方法制动转矩大,效果好,但冲击剧烈,电流较大,易损坏电动机及传动零件。

(2) 反接制动控制电路

三相异步电动机的反接制动控制电路如图 5-22 所示。

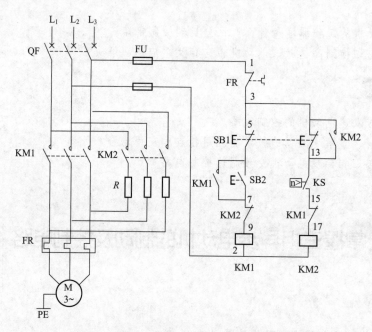

图 5-22 三相异步电动机的反接制动控制电路

主电路中串入的电阻 R 为制动限流电阻,因为反接制动瞬间电流比启动电流还要大,如果不加限制,可能会烧坏电动机。KS 为速度继电器,它与电动机同轴,按照预定速度的快慢而动作,其触点串入制动接触器 KM2 的线圈电路。当转速上升到一定数值时,速度继电器的动合触点闭合,为制动做好准备。

制动时,按下停止按钮 SB1, KM2 线圈得电,电动机连接电源的相序改变,进行反接制动。当转速接近零时,速度继电器的动合触点迅速断开,接触器 KM2 线圈断电,防止电动机反转。

2. 能耗制动

(1) 能耗制动的方法及原理

三相异步电动机的能耗制动是切断三相电源,在任意两相定子绕组之间接入直流电源,如图 5-23(a) 所示。

在 U、V 之间加入直流电流,其定子绕组将产生一个固定的磁场,如图 5-23(b) 所示。此时旋转的转子切割磁感线,产生感应电流,从而受到电磁力,产生一个与转动方向相反的制动转矩,使电动机迅速停转,如图 5-23(c) 所示。能耗制动平稳、准确,但在低转速时制动转矩小,且需直流电源,设备价格较高。

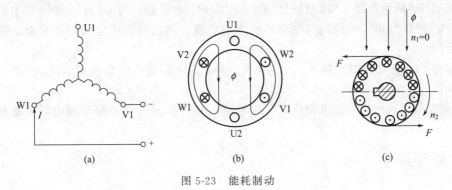

图 5-23 能耗制动

(2) 能耗制动控制电路

能耗制动控制电路如图 5-24 所示，控制电路分析如下。

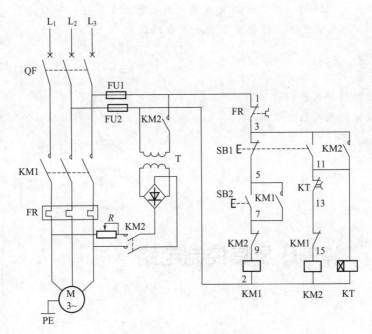

图 5-24 能耗制动控制电路

① 电动机启动　合上断路器 QF → 按下启动按钮 SB2 → KM1 线圈得电 $\begin{cases} KM1_{5-7} \text{闭合→自锁} \\ \text{主触点闭合→电动机接入三相电源启动}\end{cases}$。

② 电动机制动　按下停止按钮 SB1

$\begin{cases} KM1 \text{线圈断电→主触点断开→电动机脱离电源} \\ KM2 \text{线圈得电} \begin{cases} KM2 \text{主触点闭合，直流电源接入定子绕组} \\ KM2_{3-11} \text{闭合→自锁} \end{cases} \to \text{电动机能耗制动} \\ KT \text{线圈得电→KT 开始计时→计时时间到→} KT_{11-13} \text{断开→ KM2 线圈断电} \end{cases}$

　　　　　主电路中的 KM2 触点断开，切除直流电源，制动结束◀

③ 过载保护　由热继电器 FR 完成。

④ 互锁环节

a. KM2 动断触点与 KM1 线圈回路串联，KM1 动断触点与 KM2 线圈回路串联，保证了 KM1 与 KM2 线圈不可能同时通电，在电动机没脱离三相交流电源时，直流电源不可能接入定子绕组。

b. 按钮 SB1 的动断触点接入 KM1 线圈回路，SB1 的动合触点接入 KM2 线圈回路，按钮互锁保证了 KM1、KM2 不可能同时通电。

⑤ 直流电源采用二极管单相桥式整流电路，电阻 R 用来调节制动电流，改变制动力矩的大小。

想一想

- 反接制动和能耗制动的原理是什么？各有什么特点？
- 阅读图 5-24，回答下列问题：
（1）该电路中，变压器的主、副边接反，可能会产生什么后果？
（2）该电路中，SB2 的作用是什么？在使用时有什么需要注意的地方？
（3）如果 KM2 不能自锁，可能是哪些地方有问题？

做一做

- 正确连接反接制动控制电路。
- 正确连接能耗制动控制电路。

练一练

- 阅读图 5-21，分析电路的工作原理，要求详细说明各接触器、继电器的得电情况。

任务六 了解车床及其控制电路

扫一扫

知识目标 ▶▶

★ 了解车床的电力拖动形式和控制要求。
★ 能分析车床的主电路和控制电路。

技能目标 ▶▶

★ 能初步连接车床的电气控制电路。

应用目标 ▶▶

★ 正确操作车床的电气控制部分，能进行简单故障诊断和维护。

1. 车床结构及其控制要求

车床是使用最广泛的金属切削机床，能够车削外圆、内圆、端面等各种回转表面，还可用于车削螺纹和进行孔加工。C650 卧式车床属于中型车床，可加工的最大工件回转直径为 1020mm，最大工件长度为 3000mm，其外形图如图 5-25(a) 所示。

(a) 外形图

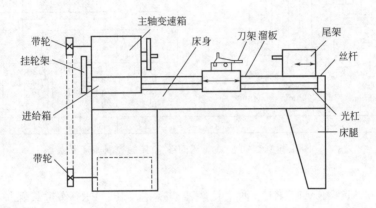

(b) 结构示意图

图 5-25　C650 卧式车床

(1) 车床的结构与运动分析

图 5-25(b) 为 C650 卧式车床的结构示意图。C650 卧式车床主要由床身、主轴变速箱、进给箱、丝杆、光杠、刀架和溜板等部分组成。

车床的主运动为卡盘或顶尖带动工件的旋转运动；进给运动为溜板带动刀架的纵向或横向直线运动；辅助运动为刀架的快速进给与快速退回。车床的调速由变速箱完成。

(2) 车床的电力拖动形式及控制要求

C650 卧式车床的主运动是工件的旋转运动，由主电动机拖动，其功率为 30kW。主电动机由接触器控制实现正反转，为提高工作效率，主电动机采用反接制动。

溜板带着刀架做直线运动，称为进给运动。刀架的进给运动由主轴电动机带动，并使用走刀箱调节加工时的纵向和横向走刀量。

为了提高工作效率，车床刀架的快速移动由一台单独的快速移动电动机拖动，其功率为 2.2kW，并采用点动控制。

车床内装有一台不调速、单向旋转的三相异步电动机拖动冷却泵，供给刀具切削时使用的冷却液。

2. C650 卧式车床的控制电路分析

C650 卧式车床的继电-接触控制原理图如图 5-26 所示。

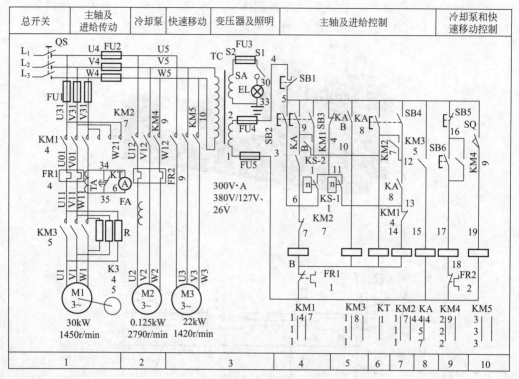

图 5-26 C650 卧式车床的继电-接触控制原理图

(1) 主电路

① 主电动机 M1 KM1、KM2 两个接触器实现正反转；FR1 作过载保护；R 为限流电阻；电流表 PA 监视主电动机的绕组电流，由于主电动机功率很大，PA 接入电流互感器 TA 回路，当主电动机启动时，电流表 PA 被短接。正常工作时，电流表 PA 才指示绕组电流；KM3 用于短接电阻 R。

② 冷却泵电动机 M2 KM4 接触器控制冷却泵电动机的启停，FR2 为 M2 进行过载保护。

③ 快速移动电动机 M3 KM5 接触器控制快速移动电动机 M3 的启停，由于 M3 点动短时运转，不设置热继电器。

(2) 控制电路

① 主轴电动机的点动控制 主轴电动机的点动控制电路如图 5-27 所示，按下点动按钮 SB2 不松手，接触器 KM1 线圈通电，KM1 主触点闭合，主轴电动机把限流电阻 R 串入电路中，进行降压启动和低速运转。

② 主轴电动机的正反转控制 主轴电动机的正反转控制电路如图 5-28 所示。按下正向启动按钮 SB3 → KM3 线圈通电→ KM3 主触点闭合→短接限流电阻 R，同时另有一个动合辅助触点 $KM3_{5-15}$ 闭合→ KA 线圈通电→ KA 动合触点 KA_{5-10} 闭合→ KM3 线圈自锁，保持通电→把电阻 R 切除，同时 KA 线圈也保持通电。另一方面，当 SB3 尚未松开时，由于 KA 的另一动合触点 KA_{9-6} 已闭合→ KM1 线圈通电→ KM1 主触点闭合→ KM1 辅助动合触点 KM_{9-10} 也闭合（自锁）→主电动机 M1 全压正向启动运行。

图中，SB4 为反向启动按钮，反向启动过程与正向基本相同，不再赘述。

③ 主电动机的反接制动控制 C650 卧式车床采用反接制动，用速度继电器 KS 进行检测和控制。

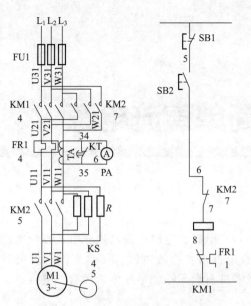
图 5-27 主轴电动机的点动控制电路

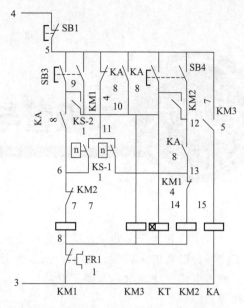
图 5-28 主轴电动机的正反转控制电路

假设原来主电动机 M1 正转运行，则 KS-1_{11-13} 闭合，而反向动合触点 KS-2_{6-11} 依然断开。当按下反向总停按钮 SB1_{4-5} 后，原来通电的 KM1、KM3、KT 和 KA 就立即断电，它们的所有触点均恢复原态。但是，当 SB1 松开后，反转接触器 KM2 立即通电，电流通路是：4（线号）→SB1 动断触点 SB1_{4-5}→KA 动断触点 KA$_{5-11}$→KS 正向动合触点 KS-1_{11-13}→KM1 动断触点 KM1_{13-14}→KM2 线圈 KM2_{14-8}→FR1 动断触点 FR1_{8-3}→3（线号）。因此，主电动机 M1 将串接电阻 R 而反接制动，正向速度很快降下来，当速度降到很低（$n \leqslant 120 \text{r/min}$）时，KS 的正向动合触点 KS-$1_{11-13}$ 断开复位，从而切断了电流通路，至此反接制动结束。

④ 刀架快速移动控制　转动刀架手柄，限位开关 SQ$_{5-19}$ 被压动而闭合，使得快速移动接触器 KM5 线圈得电，快速移动电动机 M3 就启动运转，而当刀架手柄复位时，M3 随即停转。

⑤ 冷却泵控制　按 SB6_{16-17} 按钮→KM4 接触器线圈得电并自锁→KM4 主触点闭合→冷却泵电动机 M2 启动运转；按下 SB5_{5-16}→KM4 接触器线圈失电→M2 停转。

议一议

◆ C650 卧式车床如果出现以下故障，可能的原因有哪些？应如何处理？
（1）按下启动按钮，主轴不转；
（2）按下启动按钮，主轴不转，但主轴电动机发出"嗡嗡"声；
（3）按下停车按钮，主轴电动机不停转。

◆ 在车床的控制电路中，为什么冷却泵电动机一般都受主电动机的联锁控制，在主电动机启动后才启动，一旦主电动机停止，冷却泵电动机也同步停转？

扫一扫

模块五　习题解答

模块六 二极管与简单直流电源

日常生活和生产实践中，广泛使用交流电。但在电解、电镀、蓄电池充电、直流电动机等工作场合以及电子仪器、电子产品等使用过程中都需要直流电源。简单直流电源由变压器、整流电路、滤波电路和稳压电路组成，关键器件有变压器、半导体二极管、电容器、稳压管等。

任务一 熟悉二极管

扫一扫

知识目标 ▶▶

★ 熟悉二极管的结构、图形及文字符号。
★ 掌握二极管的单向导电性。
★ 了解二极管的主要参数。

技能目标 ▶▶

★ 利用万用表正确判断二极管的阳极和阴极。
★ 利用万用表简易测试二极管的质量。

应用目标 ▶▶

★ 正确选用、检测、更换电路中的二极管。
★ 了解二极管在实际电路中的主要作用。

自然界中的物质按导电能力可分为导体、半导体和绝缘体三种。常用的半导体材料有硅（Si）和锗（Ze）等，它们可制作成半导体二极管元件。二极管在电工电子技术中有着广泛的应用。

1. 认识二极管

（1）二极管的结构

二极管由 PN 结进行封装，加上两个电极做成，P 区引出线称为阳极，N 区引出线称为阴极，如图 6-1 所示。

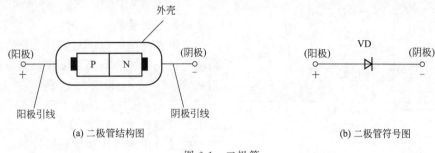

(a) 二极管结构图　　　　　　　　　(b) 二极管符号图

图 6-1　二极管

（2）二极管的类型

根据制作材料，二极管可分为硅二极管、锗二极管和砷化镓二极管。

根据 PN 结面积大小，二极管可分为点接触型二极管和面接触型二极管，如图 6-2 所示。点接触型二极管 PN 结面积小，工作时允许通过的电流小，主要用于检波和变频等高频电路；面接触型二极管 PN 结面积大，工作时可以通过大电流，主要用于低频整流电路。

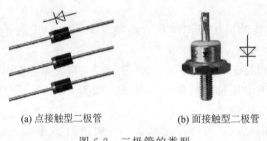

(a) 点接触型二极管　　　　(b) 面接触型二极管

图 6-2　二极管的类型

根据用途，二极管可分为整流二极管、稳压二极管、开关二极管、发光二极管、光电二极管等。

我国半导体的型号采用国家标准的规定，按照制作它的材料、性能、类别命名，一般半导体器件的型号由五部分组成。

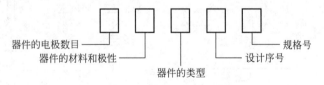

器件的电极数目为"2"，表示二极管；为"3"，表示三极管。

器件的材料和极性用字母表示，"A"表示 N 型锗材料；"B"表示 P 型锗材料；"C"表示 N 型硅材料；"D"表示 P 型硅材料。

器件的类型也用字母表示，"P"表示普通管；"Z"表示整流管；"W"表示稳压管。

【例 6-1】　半导体二极管的型号为"2AP9"和"2CW3"，试说明其型号的意义。

"2AP9"型号中，"2"表示二极管，"A"表示制作二极管的材料为 N 型锗材料，"P"表示普通管，"9"表示设计序号为 9，因此，该二极管为锗普通二极管。

"2CW3"型号中，"2"表示二极管，"C"表示制作二极管的材料为 N 型硅材料，"W"表示稳压管，"3"表示设计序号为 3，因此，该二极管为硅稳压二极管。

2. 了解二极管

（1）二极管的伏安特性

二极管两端的电压与通过二极管电流的关系称为伏安特性。如果二极管的阳极接"＋"，阴极接"－"，称正向电压；如果阳极接"－"，阴极接"＋"，称为反向电压。图 6-3 示出的是硅普通二极管的典型伏安特性曲线，特性曲线分正向特性和反向特性两部分。

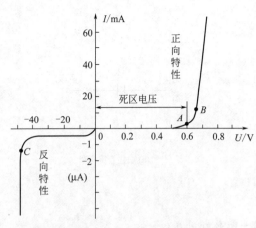

图 6-3　硅普通二极管的典型伏安特性曲线

① 正向特性　二极管两端加正向电压较小时，正向电流很小，几乎为零，二极管不导通，这一区域称为二极管的死区，如图 6-3 所示的 $0A$ 段，A 点对应的电压称为死区电压。

当正向电压超过死区电压时，正向电流随着外加电压的增大很快上升，如图 6-3 所示 B 点右上方的曲线。此时，二极管处于导通状态，理想情况下可看作短路。二极管两端的电压基本上不变，称为二极管的导通压降，小功率硅二极管在 0.6～0.7V 之间；小功率锗二极管在 0.2～0.3V 之间。

② 反向特性　二极管两端加反向电压，电流非常小，处于截止状态，理想情况下可看作开路。

当所加的反向电压超过某一数值时，二极管的反向电流会急剧增大，这种现象称为反向击穿，产生反向击穿时的电压称为反向击穿电压，如图 6-3 所示 C 点以下的曲线。普通二极管不允许工作在反向击穿区域。

总结：二极管加正向电压，处于导通状态，等效电阻接近 0；加反向电压，处于截止状态，等效电阻近似无穷大，这种特性称为单向导电性。

【例 6-2】　电路如图 6-4 所示，判断图中的二极管是导通还是截止，并求输出电压 U_o 的大小和极性（图中的二极管均按硅管考虑）。

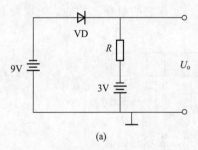
(a)

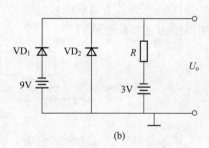
(b)

图 6-4　[例 6-2] 电路图

解　图 6-4(a) 中，二极管 VD 阳极电位为 －9V，阴极电位为 －3V，二极管承受反向电压而截止，相当于断路，所以，输出电压 U_o 等于 3V，极性为上负下正。

图 6-4（b）中，二极管 VD_1 阳极电位为 －9V，阴极电位为 －3V，VD_1 承受反向电压而截止，相当于断路。二极管 VD_2 阳极电位为 0，阴极电位为 －3V，VD_2 承受正向电压而导通，相当于短路，所以，输出电压 U_o 等于 0。

（2）二极管的主要参数

二极管的主要参数有最大整流电流 I_F、最高反向工作电压 U_{RM} 和反向电流 I_R。

最大整流电流 I_F 指二极管长时间使用时所允许通过的最大正向平均电流。当电流超过最大整流电流时，有可能造成 PN 结过热而使管子损坏。

最高反向工作电压 U_{RM} 指二极管长期工作时允许加在两端的最大反向电压。为保证管子的安全工作，最高反向工作电压 U_{RM} 通常取其反向击穿电压的 $\frac{1}{2}$ 或 $\frac{1}{3}$。

反向电流 I_R 指二极管反向工作而未被击穿时流过二极管的电流值。反向电流越大，表明二极管的单向导电性越差。反向电流受温度影响较大。

3. 测试二极管

用万用表的电阻挡测试二极管的电阻值，然后对调表笔，再次测试，如果二者的数值差异较大，说明二极管正常。测试电阻较小时，红表笔接触的一端为二极管的阳极，黑表笔接触的一端为二极管的阴极。也可直接用万用表的二极管测试端检测，如图 6-5 所示。

指针式万用表的内部电源极性与数字式万用表相反，测试结果也相反。

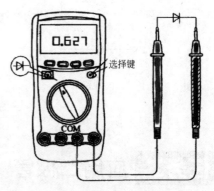

图 6-5 测试二极管

如果两次测量二极管的电阻均很小，说明二极管内部短路或被击穿；如果两次测量二极管的电阻均很大，说明二极管内部断线；如果两次测量二极管的阻值有差异，但差别不太大，说明二极管能用，但性能不太好。性能好的二极管正向导通电阻应较小，低于几千欧；反向截止电阻应较大，高于几百千欧。

想一想

- 二极管导通的外部条件是什么？
- 硅二极管的导通电压为多少？电阻近似为多少？
- 利用万用表判断二极管的极性，为什么不选用"$R\times 1$"挡和"$R\times 10k$"挡？

做一做

- 分别利用指针式万用表和数字式万用表分别判断二极管的阳极和阴极。
- 选择同一型号的多个二极管，利用指针式万用表比较它们质量的好坏。

练一练

- 电路如图 6-6 所示，判断图中的二极管是导通还是截止，并求出电压 U_o 的大小和极

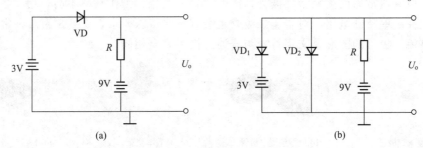

图 6-6 含二极管的电路

性，图中的二极管均按硅管考虑。

◆ 电路如图 6-7(a) 所示，其输入电压 u_{I1} 和 u_{I2} 的波形如图 6-7(b) 所示，二极管导通电压 $U_D=0.7\text{V}$。试画出输出电压 u_o 的波形，并标出幅值。

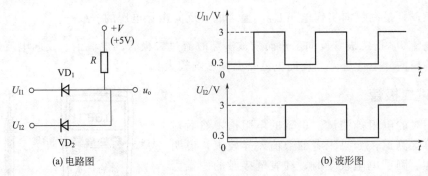

图 6-7 二极管工作电路

任务二 应用二极管

知识目标 ▶▶

★ 正确分析二极管整流电路。
★ 了解稳压二极管的工作特点与稳压原理。
★ 了解发光二极管、光电二极管的特点与应用。

技能目标 ▶▶

★ 根据电路图正确安装、制作、调试简单的二极管整流电路。

应用目标 ▶▶

★ 正确使用整流二极管和稳压二极管。
★ 在日常生活中正确使用发光二极管、光电二极管。

1. 整流二极管与整流电路

整流二极管通常为面接触型二极管，能通过较大电流，工作频率不高，用于各种低频整流电路。但在一些特殊电路，对整流二极管也会有一些特殊要求，图 6-8 为四种常用的整流二极管。整流二极管的图形及文字符号与普通二极管完全相同。

(a) 普通整流二极管　　(b) 栓型整流二极管 　　(c) 高效率整流二极管 　　(d) 快速整流二极管

图 6-8 整流二极管

利用二极管的单向导电性，可以将交流电变换成脉动的直流电，称为整流。利用一个二极管连接的整流电路称为单相半波整流电路，如图6-9所示。

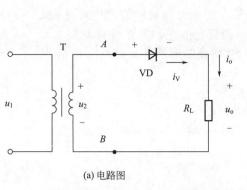
(a) 电路图

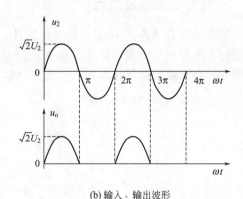
(b) 输入、输出波形

图6-9　单相半波整流电路

当u_2电压上"+"下"−"时，二极管的阳极接"+"，阴极通过电阻接"−"，正向导通，如果忽略二极管的管压降，$u_o=u_2$。

当u_2电压上"−"下"+"时，二极管的阳极接"−"，阴极通过电阻接"+"，反向截止，通过二极管的电流为0，$u_o=0$。

2. 稳压二极管与稳压电路

稳压二极管简称稳压管，它主要工作在反向击穿区域。当外加反向电压超过反向击穿电压时，稳压管反向击穿，二极管的管压降等于反向击穿电压，基本保持不变。外加反向电压重新低于反向击穿电压时，稳压管能够恢复截止状态。稳压管的类型与普通二极管相似，符号如图6-10所示。

稳压二极管是稳压电路的主要元件，常用的硅稳压管稳压电路如图6-11所示。

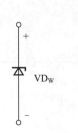

图6-10　稳压管的图形符号

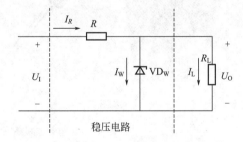

图6-11　硅稳压管稳压电路

图中稳压管VD_W与负载电阻R_L并联，所以称并联型稳压电路，图中R为限流电阻。

当负载电阻R_L减小时，I_L增大，I_W减小，保证了I_R基本不变，稳定了输出电压U_O。

$$R_L \downarrow \to U_O \downarrow \to I_W \downarrow \to I_R \downarrow \to U_R \downarrow \to U_O \uparrow$$

如果输入电压U_I增大，将使输出电压U_O增大、I_W增大，由于$I_R=I_W+I_L$，所以I_R增大，而I_R的增大又会使电阻R的压降U_R增大，使输出电压$U_O=U_I-U_R$下降。

$$U_I \uparrow \to U_O \uparrow \to I_W \uparrow \to I_R \uparrow \to U_R \downarrow \to U_O \downarrow$$

3. 发光二极管及应用

发光二极管又称为 LED，是一种特殊二极管，它正向导通时能产生可见光，不同材料制成的发光二极管可发出红光、绿光、白光等不同颜色的光，工作时只需加 1.5～3V 正向电压和几毫安电流就能正常发光。发光二极管的实物及图形符号如图 6-12 所示。

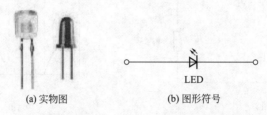

(a) 实物图　　　　　　　　(b) 图形符号

图 6-12　发光二极管的实物及图形符号

发光二极管具有低耗节能、体积小、寿命长等优点，得到越来越广泛的应用。被称为第四代照明光源或绿色光源。根据使用功能的不同，可以分为信息显示、信号灯、车用灯具、液晶屏背光源、通用照明五大类。

4. 光电二极管及应用

光电二极管又称为光敏二极管，是一种光接受器件，能将光能转换为电能。光电二极管的管壳上有一个能透光的窗口，接收入射光线。PN 结施加反向电压。在光线的照射下，反向电阻由大变小，反向电流随着光线照射强度的增强而变大，其实物及图形符号如图 6-13 所示。

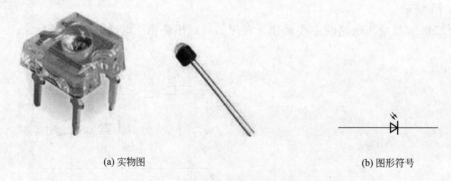

(a) 实物图　　　　　　　　　　　　　　　(b) 图形符号

图 6-13　光电二极管的实物及图形符号

光电二极管的基本电路如图 6-14 所示。

光电二极管可以制成光控开关，光线越强，其电阻值越小；也可以作为光检测元件，用于自动控制中，电视机的遥控接收器是其中一种较典型的应用。由于光电二极管的光电流较小，用于测量及控制电路时，应先进行放大和处理。目前，人们已将发光二极管和光电二极管封装在一起，形成光电耦合器，进行信号的耦合传递，广泛用于系统的隔离、电路接口上。

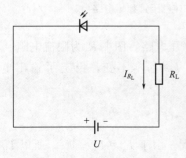

图 6-14　光电二极管的基本电路

想一想

◆ 整流二极管、稳压二极管、发光二极管和光电二极管正常工作时，PN 结上的电压极性分别是怎样的？

◆ 整流二极管、稳压二极管、发光二极管和光电二极管在电路中起什么作用？

做一做

◆ 观察周围，举出几个整流二极管、稳压二极管、发光二极管、光电二极管的应用实例。

◆ 查阅资料，概括二极管的主要分类方法及类型。

练一练

◆ 图 6-9 电路中，如果 $u_2=100\text{V}$，计算输出电压 u_o 的平均值。

◆ 图 6-15 所示电路中，发光二极管导通电压 $U_D=1.5\text{V}$，正向电流在 5~15mA 时才能正常工作，试问：

（1）开关 S 在什么位置时发光二极管才能发光？

（2）R 的取值范围是多少？

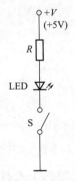

图 6-15　发光二极管应用电路

任务三　掌握简单直流电源

扫一扫

知识目标

★ 了解简单直流电源的基本结构。

★ 掌握简单直流电源的工作原理。

★ 熟悉桥式整流、电容滤波电路的输入、输出关系。

技能目标

★ 根据电路图，安装、制作、调试一个简单直流电源。

★ 利用示波器观察整流、滤波和稳压电路的输入、输出波形。

> 应用目标

★ 正确使用和维护常见的小功率简单直流电源。

1. 简单直流电源的基本结构

电子电路和许多电气装置通常都要求用直流电源供电。小功率直流电源一般由电源变压器、整流电路、滤波电路和稳压电路四部分组成，其实物图和结构框图如图 6-16 所示。

(a) 常用小功率直流电源实物图

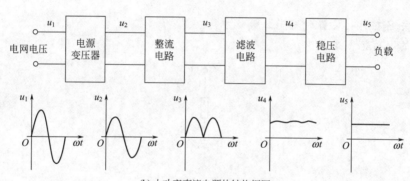

(b) 小功率直流电源的结构框图

图 6-16　小功率直流电源的组成

电源变压器：将交流电源（220V 或 380V）变换为整流所需的交流电压。

整流电路：利用具有单向导电特性的器件（如二极管、晶闸管等），将交流电压变成单向的脉动直流电压。

滤波电路：滤去单向脉动直流电压中的交流成分，保留直流成分，以减小脉动程度。

稳压电路：一种自动调节电路，在交流电压波动或负载变化时，通过调节，使直流输出电压基本稳定。

2. 简单直流电源的工作原理

（1）整流

实际应用中的直流电源，常使用单相桥式整流电路，其电路如图 6-17 所示。

在 u_2 正半周，变压器二次侧电压为上"+"下"-"，二极管 VD_1、VD_3 导通；在 u_2 负半周，变压器副边电压为下"+"上"-"，二极管 VD_2、VD_4 导通。可以看出，在 u_2 整个周期里，负载中都有电流流过，而且电流的方向不变。单相桥式整流电路输入、输出电压的波形如图 6-18 所示。

$$输出电压 \quad U_\text{o} = \frac{1}{\pi}\int_0^\pi \sqrt{2}U_2 \sin\omega t \, \mathrm{d}(\omega t) = \frac{2}{\pi}\sqrt{2}U_2 = 0.9U_2 \tag{6-1}$$

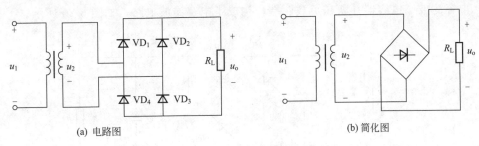

(a) 电路图　　　　　　　　　　　　(b) 简化图

图 6-17　单相桥式整流电路

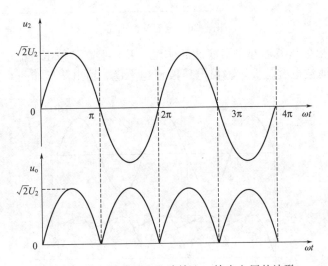

图 6-18　单相桥式整流电路输入、输出电压的波形

流过负载的平均电流

$$I_L = \frac{U_o}{R_L} = 0.9\frac{U_2}{R_L} \tag{6-2}$$

单相桥式整流电路的优点是输出电压高，纹波电压较小，整流二极管所承受的最高反向电压较低，电源变压器得到了充分的利用，效率高，因而应用广泛；缺点是二极管用得较多。目前，器件生产厂商已经将四个整流二极管封装在一起，构成模块化的桥式整流器，使用更加方便，其实物图和接线图如图 6-19 所示。

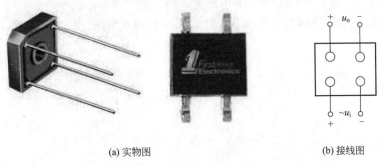

(a) 实物图　　　　　　　　(b) 接线图

图 6-19　桥式整流器

(2) 滤波

为了减小整流后电压的脉动，常采用滤波电路将交流分量滤去，使负载两端得到脉动较小的直流电。滤波电路通常由电容、电感元件组成，有电容滤波、电感滤波和复式滤波等方式。

① 电容滤波　电容器并联在负载两端，构成了电容滤波电路，如图6-20所示。

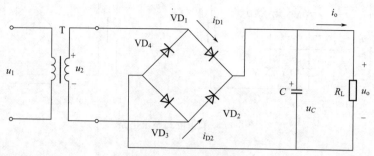

图6-20　电容滤波电路

滤波电容对输出电压波形起平滑滤波的作用，并且提高了输出直流电压的幅值。当负载电阻 R_L 一定时，滤波电容越大，输出电压波形越平稳，输出波形如图6-21所示。

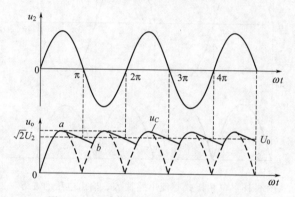

图6-21　电容滤波电路的输出电压波形

电容滤波电路中，令 $\tau = R_L C$，τ 称放电时间常数。放电时间常数 τ 的值较大，电容 C 放电较慢，输出波形较平滑，输出直流电压 U_o 的值也较大。通常选择 $\tau = R_L C = (3 \sim 5)T$，对于工频交流电，全波整流时，$T = 0.01s$；半波整流时，$T = 0.02s$，此时，输出电压

$$U_o = 1.2 U_2 \qquad (6-3)$$

电容滤波电路较简单，负载直流电压 U_o 较高，纹波较小，但它的外特性较差，对二极管的特性要求较高。通常适用于负载电压较高，而负载变动较小的场合。

② 电感滤波　电感线圈与负载串联，构成了电感滤波电路，如图6-22所示。

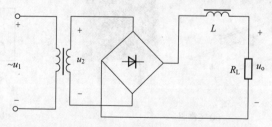

图6-22　电感滤波电路

负载电流变化时，电感两端产生感应电动势，阻碍电流的变化，使电流变化缓慢，从而使输出电压 U_o 比较平滑。一般情况下，电感越大且 R_L 值越小，滤波效果越好。电感滤波电路输出电压波形如图6-23所示。

电感滤波电路输出电压略小于 $0.9U_2$，适用于输出电压较低、负载电流比较大的场合。

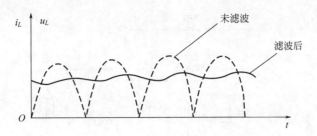

图 6-23 电感滤波电路输出电压波形

如果要求输出电压和电流更加平稳，可采用复式滤波电路，如 LC 滤波电路、π 形 RC 滤波电路，如图 6-24 所示。

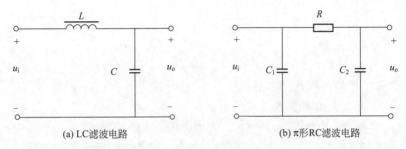

(a) LC 滤波电路　　　　　　　(b) π 形 RC 滤波电路

图 6-24　复式滤波电路

（3）稳压

交流电通过整流、滤波后可以得到比较平滑的直流电，但输出电压仍将随电网电压波动，随负载变化而变化，因此，需采用稳压电路使输出电压保持稳定。目前，常使用的稳压元件是三端集成稳压器，其实物图和接线图如图 6-25 所示。

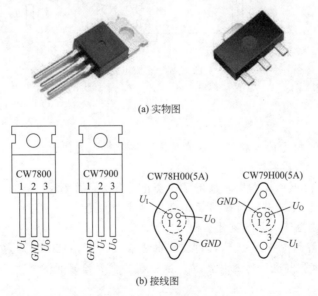

图 6-25　三端集成稳压器

图 6-26 为 7800 系列集成稳压器的基本稳压电路。其中，输出电压为 12V，最大输出电流为 1.5A。

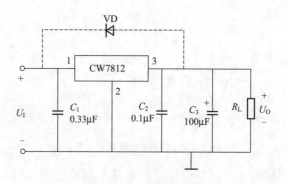

图 6-26 基本稳压电路

议一议

◆ 电路如图 6-27 所示，请讨论：

(1) u_{o1} 和 u_{o2} 对地的极性是怎样的？

(2) u_{o1}、u_{o2} 分别是半波整流还是全波整流？

(3) 当 $u_{21}=u_{22}=20V$ 时，u_{o1} 和 u_{o2} 的平均值各为多少？

(4) 当 $u_{21}=18V$，$u_{22}=22V$ 时，画出 u_{o1}、u_{o2} 的波形，并求出 u_{o1} 和 u_{o2} 的平均值各为多少。

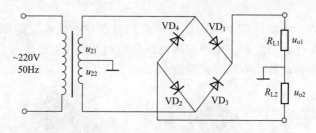

图 6-27 整流电路

想一想

◆ 如图 6-17(a) 所示的单相桥式整流电路，试分析下列问题：

(1) 整流电路的工作原理；

(2) 如果 VD_1 的正负极焊接时颠倒了，会出现什么问题？

(3) 如果 VD_2 已经被击穿而短路了，会出现什么问题？

(4) 如果负载被短路，会出现什么问题？

◆ 电容滤波电路如图 6-20 所示，用交流电压表测得 $U_2=20V$，现在用直流电压表测量 R_L 两端的电压，如果出现下列四种情况，试分析哪些是合理的，哪些是出现故障，并指出原因。

(1) $U_o=28V$；

(2) $U_o=24V$；

(3) $U_o=18V$；

(4) $U_o=9V$。

做一做

◆ 选用适当的二极管、电容和稳压管，制作一个小型直流稳压电源。
◆ 用示波器观察图 6-28 中电压 u_1 和 u_o 的波形，并用示波器测量其数值。

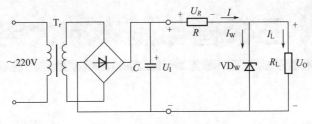

图 6-28　直流稳压电路

练一练

◆ 在桥式整流电路中，已知输出电压 $U_L = 25\text{V}$，负载电流 $I_L = 200\text{mA}$，试求：
(1) 变压器次级电压；
(2) 二极管中的平均电流；
(3) 二极管承受最大反向电压；
(4) 查阅相关资料，选择二极管的型号。

◆ 在图 6-29 所示桥式整流电路中，画出四个桥臂上的二极管，使输出电压满足负载 R_L 要求的极性。

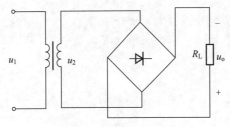

图 6-29　桥式整流电路

模块六　习题解答

模块七 三极管与基本放大电路

电子设备中,通常需要将微弱的信号加以放大,去推动较大功率的负载工作,如收音机需要将天线接收的微弱信号放大几百万倍,才能推动扬声器发出声音,实现这一功能的就是放大电路,三极管是放大电路的核心器件。

任务一 熟悉三极管

扫一扫

知识目标 ▶▶

★ 了解三极管的结构,熟悉三极管的图形及文字符号。
★ 掌握三极管的电流放大作用和电流分配关系。
★ 理解三极管的输入特性、输出特性和主要参数。

技能目标 ▶▶

★ 利用万用表测试基本放大电路的静态工作点。
★ 利用示波器观察静态工作点对输出电压波形的影响。
★ 通过测量三极管各管脚的电位,判断三极管的类型及材料。

应用目标 ▶▶

★ 熟悉三极管在实际电路中使用。
★ 正确连接或更换电路中的三极管。

1. 认识三极管

(1) 三极管的典型应用

半导体三极管简称晶体管或三极管,具有电流放大作用,是组成放大电路的核心元件,应用非常广泛。

实际电路中,常用三极管的主要类型如图7-1所示。

大功率三极管常用于高电压、大电流的场合,通常配合散热片使用,以提高其使用寿命。

(a) 大功率三极管　　(b) 塑料封装三极管　　(c) 高频三极管　　(d) 功率开关三极管

图 7-1　常用三极管的主要类型

塑料封装的普通三极管在电路中主要起放大和开关作用，在电工电子电路中应用比较多。

高频三极管的工作频率可达几百兆赫兹，具有高功率增益、低噪声等特性，常用于调频信号发射、超声波探测等场合。

功率开关三极管耐高温能力强，开关速度快，安全工作区宽，温度特性好，常用于节能灯、电子镇流器、电子高压器及开关电源等。

（2）三极管的结构

根据结构不同，三极管可分为 NPN 型和 PNP 型两大类，如图 7-2 所示。

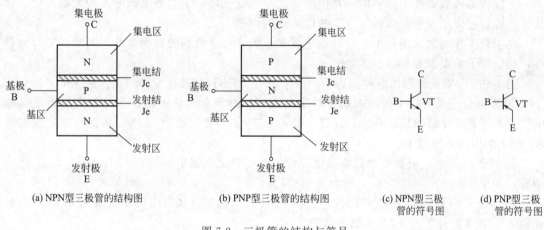

(a) NPN型三极管的结构图　　(b) PNP型三极管的结构图　　(c) NPN型三极管的符号图　　(d) PNP型三极管的符号图

图 7-2　三极管的结构与符号

由图 7-2 可以看出，三极管内部由三层半导体构成，分别为发射区、基区和集电区；由三个区各引出一个电极，分别称为集电极（C）、基极（B）和发射极（E）；三层半导体形成两个 PN 结，分别称为发射结（Je）和集电结（Jc）。

2. 了解三极管

（1）三极管的电流放大作用

三极管在电子线路中的主要作用是进行电流放大。三极管的电流放大作用需要满足自身的结构特点，还必须满足一定的外部条件：发射结加正向电压（习惯称正向偏置或正偏），集电结加反向电压（习惯称反向偏置或反偏）。

按照图 7-3 的三极管电流测试实验电路接线，调节 R_B，测量 I_B、I_C、I_E 的数值。实验数据记录于表 7-1 中。

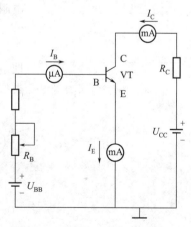

图 7-3　三极管电流测试实验电路

表 7-1 三极管电流测试实验数据

实验序号	$I_B/\mu A$	I_C/mA	I_E/mA	$\bar{\beta}=\dfrac{I_C}{I_B}$
1				
2				
3				
4				

分析实验数据，可以得出以下结论。

① 发射极电流等于基极电流与集电极电流之和

$$I_E = I_B + I_C \tag{7-1}$$

② $\bar{\beta}=\dfrac{I_C}{I_B}$ 近似为常数，即基极电流 I_B 变化时，集电极电流 I_C 成比例地变化。

③ 基极电流 I_B 的小变化将引起集电极电流 I_C 的大变化。

三极管电流放大作用的实质：基极电流较小的变化可以引起集电极电流较大的变化，这就是三极管"以小控大，以弱控强"的电流放大作用。

在正常工作的放大电路中，可以通过测量三极管三个管脚的对地电位，判断各管脚的名称，确定管子的类型和材料。

① NPN 型管各管脚的电位应为 $U_C>U_B>U_E$，PNP 型管各管脚的电位应为 $U_C<U_B<U_E$。基极电位总是处于中间，由此可确定基极 B；由于发射结正偏，基极与发射极之间的电位差一定是 PN 结的导通电压，硅管一般为 0.7V，锗管一般为 0.3V，由此可确定发射极 E，剩下的即为集电极 C。

② 管子的类型可根据三个管脚的电位大小关系确定 如果满足 $U_C>U_B>U_E$，为 NPN 型管；如果满足 $U_C<U_B<U_E$，则为 PNP 型管。

③ 管子的材料根据基极与发射极之间的电位差来确定 如果电位差大概为 0.7V，为硅管；如果电位差大概为 0.3V，则为锗管。

【例 7-1】 电路如图 7-4 所示，判断三极管是否具有电流放大作用。

解 此电路不具有放大作用。因为电路中的三极管为 NPN 管，基极电位为 V_{CC}，而集电极电位为 V_{CC} 减去集电极电阻 R_C 的压降，小于 V_{CC}，因此，集电结正偏，不满足三极管导通的条件。

【例 7-2】 在正常的放大电路中测得三极管三个电极的对地电位如图 7-5 所示，试判断各电极的名称，并确定三极管的类型和材料。

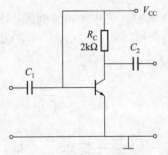

图 7-4 [例 7-1] 电路图

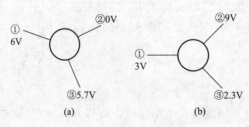

图 7-5 [例 7-2] 图

解 图 7-5(a) 中，6V>5.7V>0V，因此，③端为基极 B；由于 6V-5.7V=0.3V，所以，①端为发射极 E，余下的②端为集电极 C。

由于，$U_C<U_B<U_E$，可确定该管是 PNP 型三极管。

由于发射结电压为 0.3V，可确定三极管为锗管。

同理，可判断图 7-5(b) 中，①端为基极 B，③端为发射极 E，②端为集电极 C；该管为 NPN 型硅管。

(2) 三极管的特性曲线

三极管的特性曲线指各电极电压与电流之间的关系曲线，包括输入特性曲线和输出特性曲线。

① 输入特性曲线　指 U_{CE} 一定时，I_B 与 U_{BE} 之间的关系，如图 7-6 所示。与二极管正向特性相似，三极管也有一段死区电压（硅管约 0.5V，锗管约 0.2V）。当三极管正常工作时，发射结压降变化不大，称为导通电压（硅管约 0.7V，锗管约 0.3V）。

② 输出特性曲线　指基极电流 I_B 为常数时，集电极电流 I_C 与集电极、发射极之间的电压 U_{CE} 的关系曲线，它反映了三极管输出回路的伏安特性。在不同的 I_B 下，可得出不同的曲线，所以三极管的输出特性曲线是一组曲线，如图 7-7 所示。

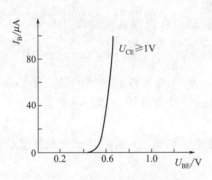

图 7-6　三极管的输入特性曲线

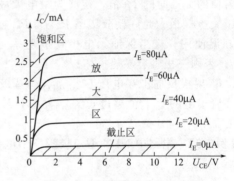

图 7-7　三极管的输出特性曲线

三极管的输出特性曲线可分为三个区域。

a. 截止区　$I_B \leqslant 0$ 的区域称为截止区，此时，三极管内部各极断路，$I_C \approx 0$，发射结反偏或零偏，集电结反偏。

b. 放大区　输出特性曲线近似水平的部分是放大区。在此区域内，I_C 的变化基本上与 U_{CE} 无关，I_C 只受 I_B 控制，反映了三极管的电流放大特性。此时，发射结正偏，集电结反偏。

c. 饱和区　三极管的集电极电流 I_C 已达到饱和程度，不受 I_B 的控制，三极管失去了电流放大作用。此时，集电极与发射极之间的压降称为饱和压降 U_{CES}，其值很小（硅管约为 0.3V，锗管约为 0.1V），发射结和集电结都正偏。

(3) 三极管的主要参数

① 直流电流放大倍数 $\bar{\beta}$　静态时，I_C 与 I_B 的比值称为直流电流放大倍数，用 $\bar{\beta}$ 或 h_{FE} 表示。

$$\bar{\beta} = h_{FE} = \frac{I_C}{I_B} \tag{7-2}$$

② 交流电流放大倍数 β　U_{CE} 一定时，集电极电流的变化量与基极电流变化量的比值称

为交流电流放大倍数，用 β 或 h_{fe} 表示。

$$\beta = h_{\text{fe}} = \frac{\Delta I_C}{\Delta I_B} \tag{7-3}$$

$\bar{\beta}$ 和 β 虽然定义不同，但两者数值较为接近。一般在工作电流不十分大的情况下，可以认为 $\bar{\beta} \approx \beta$，因此常混用。通常中小功率晶体管的 β 在 20～200 之间，大功率晶体管的 β 在 10～50 之间。

③ 极间反向电流

a. I_{CBO}　发射极开路、集电结反偏时流过集电结的反向饱和电流。小功率硅管一般在 $0.1\mu\text{A}$ 以下；锗管为几微安至十几微安。

b. I_{CEO}　基极开路、集电结反偏和发射结正偏时的集电极电流，习惯称穿透电流，且有

$$I_{\text{CEO}} = (1+\beta)I_{\text{CBO}} \tag{7-4}$$

它是衡量晶体管质量好坏的重要参数之一，其值越小越好。

④ 极限参数

a. 集电极最大允许电流 I_{CM}　当 I_C 过大时，交流电流放大倍数 β 值将下降，使 β 下降至正常值的 2/3 时的 I_C 值，定义为集电极最大允许电流 I_{CM}。

b. 集电极最大允许耗散功率 P_{CM}　P_{CM} 与三极管的工作温度和散热条件有关，三极管不能超温使用，应当保证集电极耗散功率 P_C 小于集电极最大允许耗散功率 P_{CM}（$P_C < P_{\text{CM}}$），否则三极管容易热损坏。

c. 集-射极反向击穿电压 $U_{\text{(BR)CEO}}$　基极开路时，集电极与发射极之间最大允许电压。当加在管子上的 U_{CE} 值超过 $U_{\text{(BR)CEO}}$ 时，I_C 急剧增加，造成管子击穿。一般情况下，U_{CE} 可取 $U_{\text{(BR)CEO}}$ 的 1/2 或 1/3。

【例 7-3】　电路中 NPN 型三极管三个电极的对地电位如图 7-8 所示，试判断三极管的工作区域。

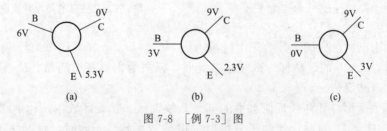

图 7-8　[例 7-3] 图

解　图 7-8(a) 中，发射结正偏，集电结也正偏，三极管工作在饱和区。

图 7-8(b) 中，发射结正偏，集电结反偏，满足三极管的放大条件，三极管工作在放大区。

图 7-8(c) 中，发射结反偏，集电结也反偏，三极管工作在截止区。

3. 测试三极管

(1) 判别三极管基极和管子的类型

将三极管等效为两个二极管，如图 7-9 所示。

选用数字万用表的二极管测试挡，用红表笔接触三极管假设的基极，用黑表笔分别接触三极管的另外两个管脚，可以读取两个电压值。如果两次测得的电压值都较小，此管为

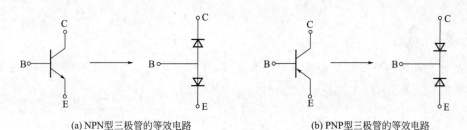

(a) NPN型三极管的等效电路　　　　(b) PNP型三极管的等效电路

图 7-9　判别三极管基极和管子类型的等效电路

NPN 型三极管，假设的基极为 NPN 管的基极。如果没有反应，可用万用表的黑笔接触假设的基极，红表笔分别接触另外两个管脚，两次测得的电压值均较小，说明假设的基极为 PNP 型三极管的基极。

（2）判别集电极和发射极

在已经判别三极管基极的前提下，假设三极管余下的两个端中的一个为集电极。在基极与假设的集电极之间加一个几十千欧的电阻，使用数字万用表的二极管测试挡，红表笔接假设的集电极，测量集电极和发射极之间的电压。如果电压较小，说明假设正确。

（3）估算电流放大倍数 β

选用数字万用表专用测量三极管放大倍数的 HFE 挡，正确选择三极管类型，将三个管脚正确插入，即可读取数值。

有时，也可以从三极管管壳色点的颜色判断电流放大倍数 β 值的大致范围，常用色点对应的 β 值如表 7-2 所示。

表 7-2　常用色点与 β 值分挡表

β 值	5～15	15～25	25～40	40～55	55～80	80～120	120～180	180～270	270～400	400 以上
色点	棕	红	橙	黄	绿	蓝	紫	灰	白	黑或无色

（4）检查三极管的穿透电流

测三极管 C、E 之间的反向电阻可检查穿透电流。将基极开路，用数字万用表黑表笔接 PNP 型三极管的集电极 C，红表笔接发射极 E，看表的指示数值，这个阻值一般应大于几千欧，越大越好，越小说明三极管稳定性越差。若阻值稳定在 $50\text{k}\Omega$ 以上，则表示穿透电流小，且较稳定，管子稳定性好，噪声小；若阻值在 $30\text{k}\Omega$ 左右，管子勉强能用；若阻值很小且稳定性不好，则表示穿透电流大，热稳定性差，不能使用。

想一想

- ◆ 三极管导通的外部条件是什么？
- ◆ 怎样画出三极管的直流通路和交流通路？它们在电路计算中有什么意义？
- ◆ 三极管组成的放大电路的主要作用是进行电压放大，为什么在分析和计算时先要看静态工作点设置是否合理？

做一做

- ◆ 观察常见三极管的外形，从外形结构判断三极管的类型。
- ◆ 选择 NPN 型硅管和 PNP 型锗管各一只，判断三极管的类型和管脚，测试三极管的电流放大倍数。

练一练

◆ 测得放大电路中三极管的直流电位如图 7-10 所示。在圆圈中画出管子，并分别说明它们是硅管还是锗管。

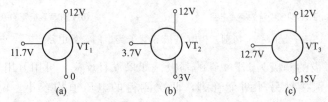

图 7-10　放大电路中三极管的直流电位（一）

◆ 测得放大电路中三极管的直流电位如图 7-11 所示。判断三极管的工作区域。

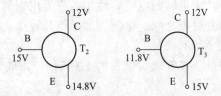

图 7-11　放大电路中三极管的直流电位（二）

◆ 若测得三极管的电流为：当 $I_B = 20\mu A$ 时，$I_C = 2mA$；当 $I_B = 60\mu A$ 时，$I_C = 5.4mA$，计算三极管的电流放大倍数 β。

◆ 已知两只三极管的电流放大倍数 β 分别为 50 和 100，现测得放大电路中这两只管子两个电极的电流如图 7-12 所示。分别计算另一电极的电流，标出其实际方向，并在圆圈中画出三极管。

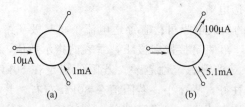

图 7-12　放大电路中三极管两电极的电流

任务二　熟悉单管共射基本放大电路

扫一扫

知识目标

★ 正确画出基本放大电路的直流通路和交流通路。
★ 计算基本交流放大电路的静态工作点。
★ 计算基本交流放大电路的电压放大倍数。

> 技能目标

★ 连接电路,测量单管共射基本放大电路的静态工作点。
★ 利用示波器观察单管共射基本放大电路的输入波形和输出波形。

> 应用目标

★ 正确连接和应用基本放大电路(单管共射基本放大电路)。
★ 根据输入、输出电压的波形判断放大电路的静态工作点设置是否合理。

1. 了解基本放大电路

(1) 基本放大电路的应用

放大电路的应用场合各异,在电路中所起的作用不同,但放大过程却基本相似,可以用图 7-13 所示的框图来表示。

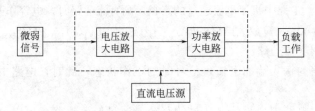

图 7-13 放大电路放大过程框图

日常生活中使用的收音机、电视机、扩音器以及生产中使用的精密电子测量仪器、仪表、自动控制系统等很多都包含三极管构成的放大电路。放大电路也称为放大器,可以将微弱的电信号放大成与原来信号变化规律一致的较大信号,便于测量和使用。

例如扩音系统,当人们对着话筒讲话时,话筒会把声音的声波进行转化,转换成以同样规律变化的微弱的电信号,经过扩音机电路放大成较大幅值的电信号,输出给扬声器,于是,扬声器可以发出较大的声音。扩音系统不仅要求放大声音,而且还要求放大后的声音必须真实地反映讲话人的声音和语调,是一种不失真放大。

如果将扩音机的电源切断,扬声器将不发声,因此,可以看出扬声器获得的能量由电源能量转换而成。

(2) 基本放大电路的组成

放大电路的主要作用是将微弱的输入信号转变成一定强度的、随输入信号变化的输出信号。最基本的放大电路是单管共射基本放大电路,如图 7-14 所示。

电路中各元件的作用如下。

三极管:放大电路的核心元件,正常工作时起电流放大作用,$I_C = \beta I_B$ 或 $i_C = \beta i_B$。

电源 $+U_{CC}$:放大器的能源,与 R_B、R_C 配合,使发射结正偏,集电结反偏,满足三极管放大的外部条件。

基极偏置电阻 R_B:R_B 和 $+U_{CC}$ 一起将输入的电压信号转变成电流信号,供给三极管进行放大。

集电极负载电阻 R_C:R_C 的作用是将放大后的

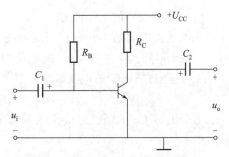

图 7-14 单管共射基本放大电路

电流 i_C 转变成输出电压的变化。

耦合电容 C_1、C_2：C_1、C_2 的作用是"隔直通交"，保证三极管只进行交流信号的放大。

2. 分析基本放大电路

三极管组成的基本放大电路中，由于使用直流电源，电路中有直流分量存在；由于放大电路的输入信号为交流信号，电路中包含交流分量，因此，基本放大电路是交流、直流共存的电路。分析基本放大电路时，通常使用叠加原理的思想，将直流分量和交流分量分别进行分析和计算，然后将最后的结果或表达式进行叠加。

(1) 放大电路的直流通路

放大电路中没有输入信号（$u_i=0$）的工作状态称为静态。静态时，电路中的电压、电流均为直流信号，静态时的基极电流、集电极电流和发射极与集电极之间的电压分别记为 I_{BQ}、I_{CQ} 和 U_{CEQ}，称放大电路的静态工作点。静态工作点的选择非常重要，如果静态工作点不合适，将使输出信号的变化规律与输入信号不一致，称为失真。

直流通路是指放大电路中直流电流通过的路径。画直流通路时，电容作开路处理，电感作短路处理，如图 7-15 所示。计算放大电路的静态工作点（如 I_{BQ}、I_{CQ} 和 U_{CEQ} 等）时用直流通路。

(2) 放大电路的交流通路

动态指放大电路的输入端加上输入信号时的工作状态，此时，电路中同时存在交流和直流分量。

交流通路是放大电路中交流信号通过的路径。通过交流通路，可以分析、计算放大电路的动态参数，如输入电阻、输出电阻、放大倍数等。

画交流通路时，可将直流电源用短路代替，对于频率较高的交流信号，电容可看成短路，基本放大电路的交流通路如图 7-16 所示。

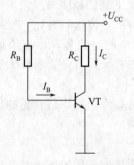

图 7-15 基本放大电路的直流通路

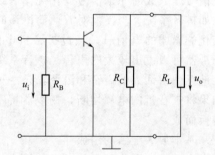

图 7-16 基本放大电路的交流通路

(3) 放大电路的工作原理

基本放大电路的工作原理可通过图 7-17 说明。在输入信号 u_i（设为正弦波信号）的作用下，输入回路产生一个与 u_i 同相位的输入电流 i_b，i_b 与静态工作点 I_{BQ} 叠加，得到 $I_B=i_b+I_{BQ}$，经过三极管的电流放大，得到 $i_C=i_c+I_{CQ}$，所以

$$u_{CE}=U_{CC}-i_C R_C \tag{7-5}$$

由于电容 C_2 的隔直通交作用，输出信号 u_{CE} 中的直流分量全部被滤掉，只剩下交流分量，即 $u_o=-i_c R_C$。

因此，输出电压 u_o 与输入信号 u_i 相比，数值放大了，但相位相反。

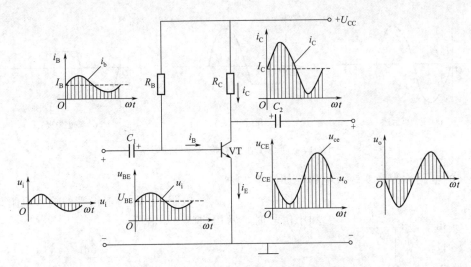

图 7-17 基本放大电路的工作原理

3. 计算基本放大电路

(1) 计算静态工作点

在图 7-15 所示的直流通路中,对 "$+U_{CC}$" → "R_B" → "三极管的发射结 Je" → "地" 回路列 KVL 方程,有

$$I_{BQ}=\frac{U_{CC}-U_{BEQ}}{R_B}\approx\frac{U_{CC}}{R_B} \tag{7-6}$$

$$I_{CQ}=\beta I_{BQ} \tag{7-7}$$

在输出回路,对 "$+U_{CC}$" → "R_C" → "三极管的 C、E 端" → "地" 回路列 KVL 方程,有

$$U_{CEQ}=U_{CC}-I_C R_C \tag{7-8}$$

【例 7-4】 电路如图 7-18 所示,三极管为 NPN 型硅管,$\beta=37.5$,计算静态工作点。

解

$$I_{BQ}=\frac{V_{CC}-U_{BE}}{R_B}=\frac{12-0.7}{300}\approx 0.04=40\ (\mu A)$$

$$I_{CQ}=\beta I_{BQ}=37.5\times 0.04=1.5\ (mA)$$

$$U_{CEQ}=U_{CC}-I_{CQ}R_C=12-1.5\times 4=6\ (V)$$

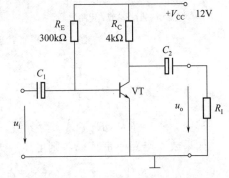

图 7-18 [例 7-4] 电路图

静态工作点选择合适,放大电路才能正常放大信号,否则就会产生失真。如果静态工作点选择过高(I_{CQ} 偏大),放大电路将产生饱和失真,输出电压 u_o 波形的下半部分被削掉;如果静态工作点选择过低(I_{CQ} 偏小),放大电路将产生截止失真,输出电压 u_o 波形的上半部分被削掉。静态工作点对输出波形的影响如图 7-19 所示。

实际应用中,通常采用调节基极电阻 R_B 的方法调整基本放大电路的静态工作点。

(2) 计算电压放大倍数

三极管是非线性元件,为了计算方便,在输入信号很小时,可将非线性的三极管线性

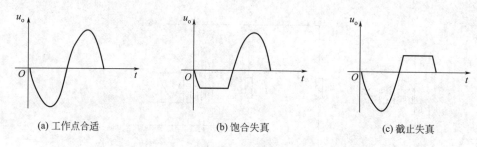

(a) 工作点合适　　　　　　(b) 饱合失真　　　　　　(c) 截止失真

图 7-19　静态工作点对输出波形的影响

化，得到的电路称为微变等效电路，如图 7-20 所示。

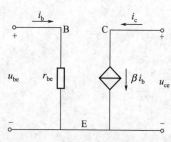

图中，$i_C = \beta i_b$，电阻 r_{be} 称为三极管的输入电阻，在低频小信号时，常用式(7-9) 估算：

$$r_{be} = 300 + (1+\beta)\frac{26}{I_E} \tag{7-9}$$

式中，I_E 为静态时发射极的电流，单位为 mA。

单管共射基本放大电路的微变等效电路如图 7-21 所示。

单管共射基本放大电路电压放大倍数 $\dot{A}_U$ 是输出电压 $\dot{U}_o$ 与输入电压 $\dot{U}_i$ 之比。

图 7-20　三极管的微变等效电路

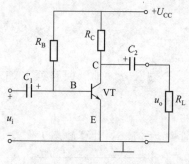
(a) 单管共射基本放大电路

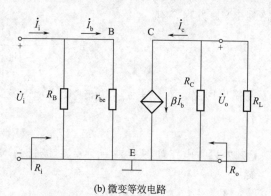
(b) 微变等效电路

图 7-21　单管共射基本放大电路的微变等效电路

$$\dot{A}_U = \frac{\dot{U}_o}{\dot{U}_i} = -\frac{\dot{I}_c R_C // R_L}{\dot{I}_b r_{be}} = -\frac{\beta \dot{I}_b R_C // R_L}{\dot{I}_b r_{be}} = -\beta \frac{R_L'}{r_{be}} \tag{7-10}$$

其中，$R_L' = R_C // R_L$；$\dot{A}_U$ 为负值，表示输出电压与输入电压的相位相反。

如果放大电路不带负载，则电压放大倍数

$$\dot{A}_U = \frac{\dot{U}_o}{\dot{U}_i} = -\frac{\dot{I}_c R_C}{\dot{I}_b r_{be}} = -\beta \frac{R_C}{r_{be}} \tag{7-11}$$

由于 R_L'（$R_L' = R_C // R_L$）小于 R_C，所以，接上负载，放大倍数 $\dot{A}_U$ 将下降。

放大电路的输入电阻 R_i 是从放大器的输入端看进去的等效电阻，定义为 $R_i = \dfrac{\dot{U}_i}{\dot{I}_i}$。

$$R_i = R_B // r_{be} \quad (7-12)$$

在共射放大电路中，通常 $R_B \gg r_{be}$，因此有

$$R_i \approx r_{be} \quad (7-13)$$

放大电路的输出电阻 R_o 是从放大器的输出端看进去的等效电阻，定义为 $R_o = \dfrac{\dot{U}_o}{\dot{I}_C}$

$$R_o = R_C \quad (7-14)$$

R_o 的大小反映了放大器带负载的能力。R_o 越小，带负载的能力就越强。

【例 7-5】 图 7-22 所示的电路中，三极管为 NPN 型硅管，$\beta = 37.5$，$R_L = 4\text{k}\Omega$，试计算：

(1) 电路带负载时的电压放大倍数 $\dot{A}_U$；
(2) 电路不带负载时的电压放大倍数 $\dot{A}_U$；
(3) 电路的输入电阻 R_i 和输出电阻 R_o。

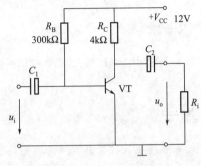

图 7-22 [例 7-5] 电路图

解 (1) 电路带负载时

$$R'_L = R_C // R_L = 4 // 4 = 2 \text{ (k}\Omega\text{)}$$

$$\dot{A}_U = -\beta \frac{R'_L}{r_{be}} = -37.5 \times \frac{2}{1} = -75$$

(2) 电路不带负载时

$$R'_L = R_C = 4\text{k}\Omega, \quad R'_L = R_C // R_L = R_C$$

$$\dot{A}_U = -\beta \frac{R_C}{r_{be}} = -37.5 \times \frac{4}{1} = -150$$

电路输出端带负载时，交流电压放大倍数将会减小，如果在输入端加入同样的交流信号，输出端带负载时获得的输出电压较小，空载时获得的输出电压较大。

(3) 电路的输入电阻和输出电阻

输入电阻

$$R_i \approx r_{be} = 300 + (1+\beta)\frac{26}{I_E} = 300 + (1+37.5)\frac{26}{I_E}$$

由【例 7-4】的计算结果可知：$I_E \approx I_C = 1.5\text{mA}$

所以

$$R_i \approx 300 + (1+37.5)\frac{26}{1.5} \approx 1 \text{ (k}\Omega\text{)}$$

输出电阻

$$R_o = R_C = 4 \text{ k}\Omega$$

通过【例 7-5】的结果可以看出，共射基本放大电路的电压放大倍数虽然较大，但输入电阻较小，输出电阻较大，这是共射放大基本电路的不足之处。

议一议

◆ 图 7-23 为静态工作点稳定的放大电路。
(1) 画出其直流通路和交流通路；
(2) 如果静态时 R_{B1} 和 R_{B2} 电阻上的电流远大于基极电流 I_b，计算电路的静态工作点；
(3) 分析电路稳定静态工作点的原理。

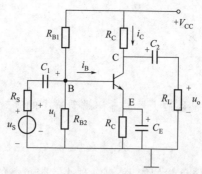

图 7-23 静态工作点稳定的放大电路

想一想

◆ 画出由 PNP 型三极管构成的单管共射基本放大电路,标明外加电源极性和各极电流的方向。

做一做

◆ 连接单管共射基本放大电路,调节基极电阻 R_B 的值,用示波器观察输出电压波形的变化。

练一练

◆ 三极管放大电路如图 7-24 所示,$V_{CC}=12V$,$\beta=50$,如果要求 $U_{CE}=6V$,$I_C=2mA$,求 R_B 和 R_C 应为多少?

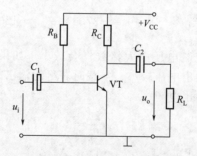

图 7-24 三极管放大电路

◆ 三极管放大电路如图 7-24 所示,已知 $V_{CC}=12V$,$R_B=240k\Omega$,$R_C=3k\Omega$,$\beta=40$,求电压放大倍数、输入电阻和输出电阻。

任务三 了解功率放大器

知识目标

★ 了解基本功率放大器的工作原理。
★ 熟悉集成功率放大器的原理及应用。

★ 计算各功率放大器的输出功率、损耗和效率等主要指标。

技能目标

★ 利用万用表正确识别三极管的管脚。
★ 掌握三极管的简易测试方法。

应用目标

★ 日常生活中正确选用和使用功率放大器。

1. 基本功率放大器

（1）功率放大器的应用

功率放大器简称功放，主要作用是产生功率足够大且与输入信号变化规律一致的输出功率，驱动负载（如扬声器等）工作，图 7-25 为功率放大器的实物图。

图 7-25　功率放大器的实物图

系统对功率放大器的主要要求如下。

① 有足够大的输出功率 P_0　功率放大器不仅要输出较大幅值电压，同时要输出较大幅值的电流，所以一般三极管工作状态接近线性放大区的极限。

② 失真小　为了获得足够大的输出功率，信号的动态范围达线性区的极限，不可避免地产生失真，但要尽量小。

③ 效率高　输出的交流功率实质上是由直流电源通过三极管转换而来的，电源提供的直流功率一部分用于转换交流输出功率，另一部分消耗在管子和电阻上。在直流功率一定的情况下，若向负载提供尽可能大的交流功率，必须减小损耗，提高转换效率。

④ 大功率功放管要有散热措施　散热装置在电子电路中是极为重要的，晶体管本身的功耗很大，这些功耗都转变为热量，使晶体管发热，若不即时散掉，将导致电路不能正常工作，甚至烧毁功放。因此，在许多电器中都会看到一些散热用的金属片状装置。

（2）功率放大器的分类

根据放大器中三极管静态工作点设置的不同，功率放大器可分为甲类、乙类及甲乙类三种类型，如图 7-26 所示。

① 甲类功率放大器　静态工作点 Q 设在负载线性段的中点，整个信号周期内三极管都处于导通状态，都有电流 I_C 通过，如图 7-26(a) 所示。

② 乙类功率放大器　静态工作点 Q 设在横轴上，整个信号周期内，三极管有半个周期处于导通状态，I_C 仅在半个信号周期内通过，其输出波形被削掉一半，如图 7-26(b) 所示。

③ 甲乙类功率放大器　静态工作点设在线性区的下部，靠近截止区，在输入信号变化的一个周期内，三极管在多半个周期内导通，则其 I_C 的流通时间为多半个信号周期，输出

波形被削掉一部分, 如图 7-26(c) 所示。

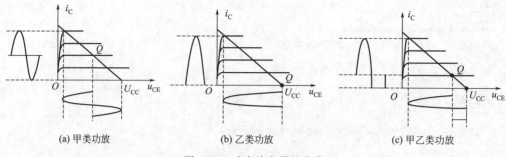

(a) 甲类功放　　　　　(b) 乙类功放　　　　　(c) 甲乙类功放

图 7-26　功率放大器的分类

（3）功率放大器与电压放大器的主要区别

功率放大器与电压放大器都是能量转换电路，但两者在电路形式、主要功能等方面有较大的区别，如表 7-3 所示。功率放大器工作于大信号状态，关注的重点是在允许的失真情况下尽可能提高输出功率和效率；电压放大器工作在小信号状态，关注的重点是电流放大（或电压放大）。

表 7-3　功率放大器与电压放大器的主要区别

项　目	电压放大器	功率放大器
电路形式	阻容耦合、直流耦合	变压器耦合、直接耦合
主要功能	提供给负载一定信号电压	提供给负载尽可能大信号功率
工作信号范围	小信号	大信号
晶体管工作状态	甲类小范围	甲、乙、甲乙类
主要研究对象	频率特性	输出、电源功率、损耗、效率
输出波形质量	非线性失真小	非线性失真大

（4）典型功率放大器的分析和计算

① OCL 乙类互补对称电路　OCL 乙类互补对称电路指无输出电容，直接耦合的功率放大电路，如图 7-27 所示。VT_1、VT_2 在输入信号的作用下交替导通，使负载上得到随输入信号变化的电流。由于电路是射极输出器的形式，放大器的输入电阻高，而输出电阻很低，解决了负载电阻和放大电路输出电阻之间的匹配问题。

由于三极管存在着死区电压，输出波形在信号过零附近将因为衔接不好而产生交越失真，不能使输出波形很好地反映输入的变化，如图 7-28 所示。

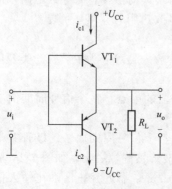

图 7-27　OCL 乙类互补对称电路

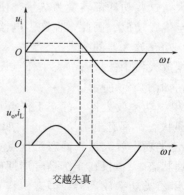

图 7-28　交越失真

为了克服交越失真，常采用图 7-29 所示 OCL 互补电路。静态时 VD_1、VD_2 上产生的压降 U_{D1}、U_{D2} 提供了一个适当的偏压，使管子处于甲乙类工作状态，基本上可以线性地进行放大。

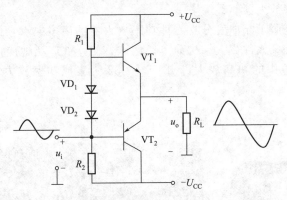

图 7-29　工作在甲乙类状态的 OCL 互补电路

② OTL 互补对称电路　OTL 互补对称电路指输出通过电容 C 与负载 R_L 相耦合的单电源功率放大电路，如图 7-30 所示。

当输入信号 u_i（设为正弦电压）在正半周时，VT_1 的发射结正向偏置，VT_2 的发射结反向偏置，VT_1 导通，VT_2 截止，U_{CC} 通过 VT_1 对电容器 C 充电，负载电阻 R_L 中的电流方向如图 7-30 中实线箭头所示。

当输入信号 u_i 在负半周时，VT_1 的发射结反向偏置，VT_2 的发射结正向偏置，VT_1 截止，VT_2 导通。这时的电容器 C 起负电源的作用，通过 VT_2 对负载电阻 R_L 放电，负载中的电流方向如图 7-30 中虚线箭头所示。这样就在负载中获得了一个随输入信号变化的电流波形。

图 7-31 为常见的工作在甲乙类状态的 OTL 互补对称电路。

为了提高 OTL 互补对称电路的输出功率，一般要加前置放大级（即推动级）。前置放大级由 R_{B1}、R_{B2}、VT_1 和 R_3 组成。前置放大级的偏置电阻 R_{B1} 不接到电源 U_{CC} 上，而是接到 A 点（见图 7-31），保证静态时 A 点电位稳定在 $\dfrac{U_{CC}}{2}$，不受温度变化的影响。

三极管 VT_2、VT_3 为特性一致的互补管，它们和 R_5、R_6 组成功率放大电路的输出级。

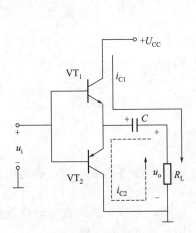

图 7-30　OTL 互补对称电路原理图

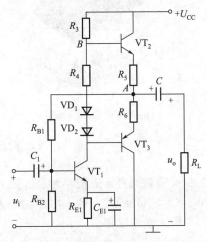

图 7-31　工作在甲乙类状态的 OTL 互补对称电路

2. 集成功率放大器

(1) 认识集成功率放大器

集成功率放大器克服了晶体管分立元件功率放大器的诸多缺点,性能优良,保真度高,稳定可靠,而且所用外围元件少,结构简单,调试方便,被广泛地应用在收音机、录音机、电视机及直流伺服系统中的功率放大部分。图 7-32 为集成功率放大器在某音响设备中的应用。

(a) 音响实物图　　　　　　(b) 集成功率放大电路与芯片

图 7-32　集成功率放大器应用实例

根据应用场合的不同,集成功率放大器可以分为通用型和专用型两大类。

通用型集成功率放大器可用于多种场合,常用的有 LM386 集成功率放大器,用于收音机、对讲机、函数发生器等仪器和设备。

专用型集成功率放大器适用于特定场合,例如单片音频功率放大器 5G37 是一种集成音频功率放大器,它最大不失真输出功率为 2~3W,可作为收音机、录音机、电唱机的功率放大器,也可用于电视机的输出电路等。

(2) 了解集成功率放大器

① LM386 集成功率放大器　LM386 是一种小功率通用型集成功率放大器,其实物和引线端子排列如图 7-33 所示。

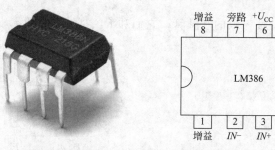

(a) LM386集成功率放大器实物图　(b) LM386集成功率放大器引线端子排列图

图 7-33　LM386 集成功率放大器

LM386 采用双列直插式塑料封装。其典型参数为:电源电压范围 4~6V;额定输出功率 660mW;带宽 300kMZ,输入电阻为 50kΩ(管脚 1 和 8 开路)。

LM386 的 2 端为反相输入端,3 端为同相输入端,每个输入端对地的直流电位近似为 0,即使与地短接,直流电平也不会产生太大的偏离,使用比较灵活和方便。

利用LM386集成功率放大器组成的OTL实用电路如图7-34所示。

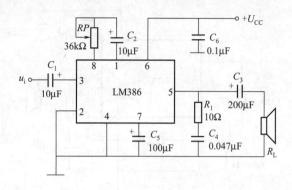

图7-34　LM386集成功率放大器组成的OTL实用电路

C_1是输入耦合电容，C_5、C_6为电源去耦电容，R_1、C_4是频率补偿电阻和频率补偿电容，以抵消扬声器线圈电感在高频下的不良影响，改善功率放大电路的高频特性，同时防止高频自励。因为接成OTL电路，输出端和负载之间接了一个$200\mu F$的大电容C_3。1端和8端之间接RP和C_2，调节RP可使LM386集成功率放大电路的放大倍数在$20\sim200$之间变化。

② TDA2040集成功率放大器　TDA2040是一种质量较好的集成功率放大器，其实物图和引线端子排列图如图7-35所示。

(a) TDA2040集成功率放大器实物图　　(b) TDA2040集成功率放大器引线端子排列图

图7-35　TDA2040集成功率放大器

TDA2040采用单列五端封装，内部除了前置放大级、中间级、输出级和偏置电路外，还有过载保护电路，当输出过载时，保护集成块不被损坏。此外，TDA2040的内部还设置了过热关机保护电路，使集成电路具有较高的可靠性。

TDA2040的主要参数为：电源电压$\pm2.5\sim\pm20V$；当输入信号为零时，电源电流小于$60\mu A$；开环增益80dB；频率响应$10Hz\sim140kHz$；输入阻抗$50k\Omega$。当电源电压为$\pm20V$，负载$R_L=4\Omega$时，输出功率达22W，失真度小于0.5%。

用TDA2040集成功率放大器构成的OCL电路如图7-36所示。

该电路的最大输出功率为

$$P_{om}=\frac{U_{om}^2}{2R_L}\approx\frac{U_{CC}^2}{2R_L}=\frac{16^2}{2\times4}=32\text{（W）}$$

因为电路存在附加损耗，实际输出功率的最大值要小于此理论值。

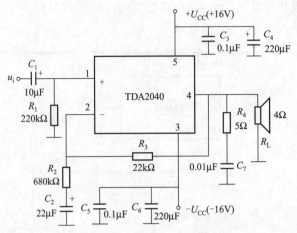

图 7-36 TDA2040 集成功率放大器构成的 OCL 电路

想一想

- 功率放大器和电压放大器有哪些主要区别？
- 功率放大器可分为甲类、乙类及甲乙类三种类型，它们的主要区别是什么？
- OTL 功率放大电路（OTL 互补对称电路）为什么会产生交越失真？

做一做

- 查阅功率放大器或音箱的相关资料，了解其主要结构及主要性能指标。

任务四 了解集成运算放大器

扫一扫

知识目标

★ 熟悉集成运算放大器的图形符号与分析特点。
★ 掌握集成运算放大器的分析方法。
★ 正确计算比例运算电路和加法电路。

技能目标

★ 正确连接集成运算放大器组成的比例运算放大电路和加法运算电路。

应用目标

★ 利用集成运算放大器组成运算电路，完成简单的加减运算。

1. 认识集成运算放大器

工业自动控制中，有些变化极其缓慢（频率接近于 0）或者是极性固定的直流信号不能采用阻容耦合的基本放大电路进行放大。因此，人们采用集成电路技术，制造出了一种能够放大直流信号的电路——集成运算放大器，简称集成运放。

（1）集成运算放大器的外形及符号

集成运算放大器是一种内部为直接耦合的高放大倍数的集成电路。国产集成运算放大器的主要封装类型有圆筒式和双列直插式，如图 7-37 所示。

图 7-37　集成运算放大器

图 7-38 所示为国产 CF741 集成运算放大器的管脚功能图，集成运算放大器除了输入端、输出端、公共接线端和电源端外，还有调零端和空脚端，这些端子对分析电路的输入、输出关系没有影响，因此，在图形符号中没有画出。集成运算放大器的图形符号如图 7-39 所示，图中"—"表示反相输入端，"＋"表示同相输入端，"▷"表示信号的传输方向，"∞"表示理想条件。

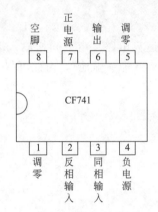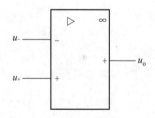

图 7-38　CF741 集成运算放大器的管脚功能图　　　图 7-39　集成运算放大器的图形符号

（2）理想集成运算放大器

① 集成运算放大器的主要参数

a. 开环电压放大倍数 A_{uo}　无外加反馈时，集成运算放大器本身的差模放大倍数。它体现了集成运算放大器本身的放大能力，一般在 $10^4 \sim 10^7$ 之间。

b. 开环输入电阻 r_i　差模输入时，集成运放无外加反馈时的输入电阻。一般为几十千欧至几十兆欧，r_i 越大，集成运算放大器的性能越好。

c. 开环输出电阻 r_o　集成运放无外加反馈时的输出电阻，一般在 $20 \sim 200\Omega$ 之间，r_o 越小，集成运算放大器带负载能力越强。

d. 开环频带宽度 BW　BW 反映无反馈时，集成运算放大器有效放大信号的频率范围，一般在几千赫至几百千赫。

② 理想集成运算放大器的条件　大多数情况下可以将集成运算放大器看成是一个理想的集成运算放大器。所谓理想集成放大器就是将集成运算放大器的各项技术指标理想化后的

电路模型,它主要包括以下四个特征。

a. 开环电压放大倍数 A_{uo} 为无穷大。

b. 开环输入电阻 r_i 为无穷大。

c. 开环输出电阻 r_o 为 0。

d. 开环频带宽度 BW 为无穷大。

显然,实际的集成运算放大器是不可能达到这些标准的。但集成运算放大器的输入电阻可达几百千欧到几兆欧,输出电阻可控制在几百欧以内,开环电压放大倍数可达几万到几十万。因此,用理想集成运放的特征分析实际应用电路,不会产生太大偏差。

(3) 理想集成运算放大器的分析特点

运算放大器工作时,分析依据有两条。

① 集成运算放大器的差模输入电阻 r_i 为无穷大,可认为两个输入端的输入电流为 0,这种现象称为"虚断"。

② 集成运算放大器的开环电压放大倍数 A_{uo} 为无穷大,而输出电压是一有限数值,所以,两个输入端的电压为 0,即 $u_+ = u_-$,这种现象称为"虚短"。

"虚断"和"虚短"在集成运算放大电路分析中是很有用的概念,将集成运算放大器理想化,能够使电路分析简单明了,而且结果精确。

2. 应用集成运算放大器

(1) 比例运算放大电路

① 反相比例运算电路 如图 7-40 所示为反相比例运算电路。由于同相输入端接地,即 $u_+ = 0$,根据"虚短"的概念,$u_+ = u_- = 0$,通常称 N 点为"虚地",由此可得

$$i_1 = \frac{u_i}{R_1}$$

$$i_f = -\frac{u_o}{R_F}$$

由"虚断"概念可知 $i_i = 0$,所以

$$i_1 = i_f$$

$$\frac{u_i}{R_1} = -\frac{u_o}{R_F}$$

可得
$$u_o = -\frac{R_F}{R_1} u_i \tag{7-15}$$

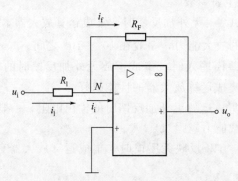

图 7-40 反相比例运算电路

可见输出电压 u_o 与输入电压 u_i 成比例关系，比例系数为 $\dfrac{R_F}{R_1}$，式(7-15)中负号说明 u_o 与 u_i 反相。

当 $R_F = R_1$ 时，比例系数为 -1，这时的反相比例运算电路是一个反相器。

② 同相比例运算电路　同相比例运算电路如图 7-41 所示。根据"虚短"和"虚断"的概念，有 $u_+ = u_-$，$i_i = 0$，u_- 是 u_o 在 R_F 和 R_1 串联电路中 R_1 上的分压，即

$$u_- = u_i = \frac{R_1}{R_1 + R_F} u_o$$

所以

$$u_o = \left(1 + \frac{R_F}{R_1}\right) u_i \tag{7-16}$$

可以看出 u_o 与 u_i 是比例关系，且 u_o 与 u_i 同相，所以称为同相比例运算电路。当 R_1 支路断开时，电路如图 7-42 所示，将 $R_1 \to \infty$ 代入式(7-16)，可以推导出 $u_o = u_i$，该电路称为电压跟随器。

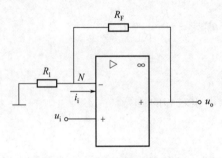
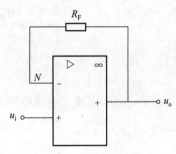

图 7-41　同相比例运算电路　　　　　图 7-42　电压跟随器

(2) 加法运算电路

① 反相加法运算电路　电路如图 7-43 所示。因同相输入端接地，所以反相输入端为"虚地"，即 $u_- = 0$。因为"虚短"，所以 $i_i = 0$，有

$$i_1 + i_2 + i_3 = i_f$$

$$\frac{u_{i1}}{R_1} + \frac{u_{i2}}{R_2} + \frac{u_{i3}}{R_3} = -\frac{u_o}{R_F}$$

则

$$u_o = -\left(\frac{R_F}{R_1} u_{i1} + \frac{R_F}{R_2} u_{i2} + \frac{R_F}{R_3} u_{i3}\right) \tag{7-17}$$

令 $R_1 = R_2 = R_3 = R_F$，得

$$u_o = -(u_{i1} + u_{i2} + u_{i3}) \tag{7-18}$$

即图 7-43 所示电路实现输出电压等于三个输入电压之和的运算，式(7-18)中负号表示输出电压与输入电压反相。

② 同相加法运算电路　电路如图 7-44 所示。根据"虚短"概念，$u_+ = u_-$。利用分压定理可得 $u_- = \dfrac{R_1}{R_1 + R_F} u_o$，所以有

$$u_o = \left(1 + \frac{R_F}{R_1}\right) u_- = \left(1 + \frac{R_F}{R_1}\right) u_+$$

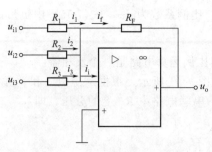
图 7-43 反相加法运算电路

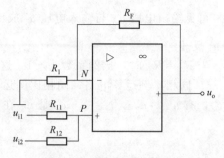
图 7-44 同相加法运算电路

利用叠加原理可得

$$u_+ = \frac{R_{12}}{R_{11}+R_{12}}u_{i1} + \frac{R_{11}}{R_{11}+R_{12}}u_{i2}$$

代入上式，可得

$$u_o = \left(1+\frac{R_F}{R_1}\right)\left(\frac{R_{12}}{R_{11}+R_{12}}u_{i1} + \frac{R_{11}}{R_{11}+R_{12}}u_{i2}\right)$$

令 $R_1 = R_F = R_{11} = R_{12}$，得

$$u_o = u_{i1} + u_{i2} \tag{7-19}$$

即图 7-44 所示电路实现了输出电压等于两个输入电压之和的运算。

议一议

◆ 什么是集成运算放大器的"虚断"和"虚短"？请举例说明它们在电路分析中的意义。

做一做

◆ 利用集成运算放大器分别连接成反相比例运算电路和同相比例运算电路，实现 $u_o = 10u_i$。

◆ 利用集成运算放大器连接电路，实现 $u_o = 5u_{i1} + 3u_{i2}$。

练一练

◆ 理想集成运算放大器的电路如图 7-45 所示。$R_1 = 10\text{k}\Omega$，电压放大倍数 $A_U = -100$，试求 R_F 的值。

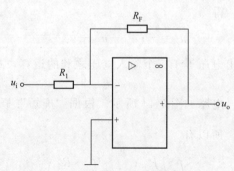
图 7-45 理想集成运算放大器电路（一）

◆ 电路如图 7-46 所示。$R_F=10\text{k}\Omega$，要求该电路完成 $u_o=-2u_{i1}-5u_{i2}$ 的运算，试确定 R_1、R_2 的值。

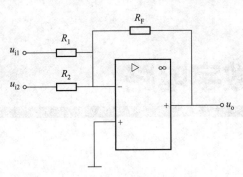

图 7-46　理想集成运算放大器电路（二）

模块七　习题解答

模块八 数字电路

21世纪是数字时代,个人身份证号码、IP地址、信用卡密码、银行账号等已经深入人们的生活。以数字电路为基础的数据采集、分析和处理系统,可以将各类生产、生活、学习资料转化为一系列的数字,然后进行标识和管理。

任务一 认识数字电路

知识目标 ▶▶
★ 了解数字电路的工作特点与发展方向。
★ 了解数字信号与数字电路。

技能目标 ▶▶
★ 正确区分数字信号和模拟信号。

应用目标 ▶▶
★ 了解数字电路在日常生活、工作中的应用。

1. 数字电路应用实例

随着电子计算机的普及和信息时代的到来,数字电子技术正以前所未有的速度在各个领域取代模拟电子技术,迅速渗入人们的日常生活。数字手表、数字相机、数字电视、数字影碟机、数字通信等都应用了数字化技术。

数字电路利用数字信号对电路实现测量、运算、控制等功能。下面举例说明数字信号和数字电路的特点。

电动机的转速可以通过被测电动机轴上安装的一只微型测速发电机进行测量。测速发电机将转速这个物理量转化为输出电压,通过控制盘上的电压表读数,即可测知电动机的转速,如图8-1所示,

测速发电机输出的电压信号随电动机转速的高低连续变化,是模拟信号。这种测量方法

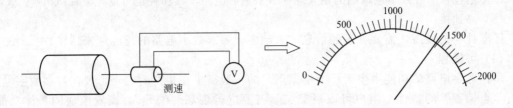

图 8-1 测速发电机测量电动机转速

应用很广,但输出电压会受到电动机本身、生产环境、电压表读数等诸多因素的影响,测量精度不是很高。

图 8-2 所示电路中,被测电动机上装一个圆盘,圆盘上打一个孔,用光源照射,光线通过小孔到达光电管。电动机每转一周,光电管被照射一次,输出一个短暂的电流,为脉冲信号。脉冲信号通过一个用标准时间脉冲控制的门电路,然后用计数器计数,并通过译码器和显示器读出数据。这种测量方法可以达到较高的精度。外部的电磁场干扰、器件工作不稳定都只影响脉冲的幅度,不会影响测量结果。因此,数字电路的抗干扰能力强,工作稳定可靠,获得了广泛的应用。

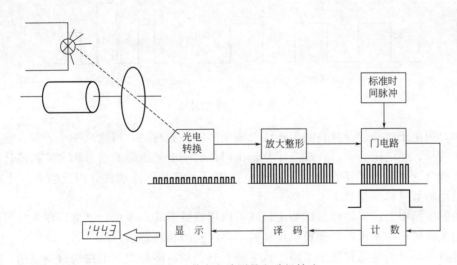

图 8-2 数字电路测量电动机转速

2. 数字电路的特点与发展方向

数字信号和模拟信号相比,具有数据可压缩;抗干扰能力强;传输容量大,便于存储、处理和交换等特点。现代通信、电视、计算机等数据的传输均已实现数字化。

数字电路和模拟电路相比,抗干扰能力强;可靠性高;精确性和稳定性好;通用性广;便于集成;便于故障诊断和系统维护等。

数字电路的发展方向是大规模、低功耗、高速度、可编程、可测试和多值化。

(1) 大规模

如今,一块半导体硅片上已可集成上百万个数字逻辑门,集成规模的提高将极大地提高数字系统的可靠性,减小系统的体积,降低系统的功耗与成本。

(2) 低功耗

即使是包含上百万个逻辑门的超大规模数字集成电路，其功耗也可低至毫瓦（mW）级。

(3) 高速度

随着社会的发展，需要处理的信息越来越多，要求数字电路的速度越来越快。

(4) 可编程

早期数字电路的功能由生产厂家根据用户的一般需求在生产时确定，现在许多数字电路具有"可编程"的特性，用户可以根据实际需要进行现场"编程"，设置模块的具体功能。这样，不仅为用户研究、开发产品带来极大的方便和灵活性，也大大地提高了产品的可靠性和保密性。

3. 数字信号与数字电路

电子线路的信号可以分为模拟信号和数字信号两种类型。

模拟信号指随时间连续变化的电信号，处理模拟信号的电子电路称模拟电路，三极管组成的基本放大电路属于模拟电路。

数字信号指在时间上和数值上不连续变化的信号，常用"1"和"0"两个值表示它的大小，如图8-3所示。

(a) 理想数字信号　　　　　　(b) 普通数字信号

图 8-3　数字信号

例如，用电子电路记录从自动生产线上输出的零件数目时，每送出一个零件，便给电子电路一个信号，使之记为"1"；没有零件送出时，加给电子电路的信号为"0"，不计数。可见，零件数目这个信号无论在时间上，还是在数量上都是不连续的，因此它是一个数字信号，且最小的数量单位就是1。

在实际生活中，许多物理量的测量值既可以用模拟形式来表示，又可以用数字形式来表示。利用现代电子技术可以实现模拟量和数字量之间的相互转换。

处理数字信号的电路称数字电路。数字钟、电子显示屏是数字电路的典型应用，数字万用表、数字兆欧表、数字电桥等仪器设备的内部电路也属于数字电路，如图8-4所示。

(a) 数字钟　　　　　　(b) 电子显示屏　　　　　　(c) 数字万用表

图 8-4　数字电路

议一议

◆ 举例说明数字电子技术在日常生活和生产中的应用。

想一想

◆ 举例说明什么是模拟信号？什么是数字信号？
◆ 模拟电路和数字电路有何区别？

做一做

◆ 我国的移动电话、电视机都经过了由模拟信号向数字信号过渡的过程，查阅资料，了解移动电话、电视机使用不同信号时的区别。

练一练

◆ 判别图 8-5 所示信号是模拟信号还是数字信号。

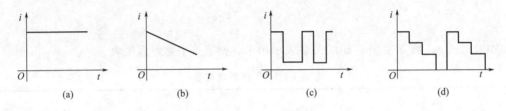

图 8-5 数字信号与模拟信号

任务二 熟悉基本门电路

知识目标

★ 熟悉"与""或""非"三种基本的逻辑关系。
★ 熟悉"与"门、"或"门、"非"门的逻辑表达式和逻辑符号。
★ 了解 74LS00 集成"与非"门的管脚排列。

技能目标

★ 识别 74LS00 集成"与非"门的管脚。
★ 正确连接 74LS00 集成"与非"门。

应用目标

★ 了解数字电路的学习特点和学习方法。

1. "与"逻辑与"与"门

(1) "与"逻辑

决定某种结果的所有条件都具备时，结果才会发生，这种因果关系称为"与"逻辑。"与"逻辑的表达式为：

$$Y=AB \tag{8-1}$$

式中，Y 为结果，A、B 为决定结果 Y 的条件。

如图 8-6 所示电路中，只有当 A、B 两只开关都闭合，白炽灯 Y 才会亮，如果假设开关闭合为"1"，断开为"0"；灯亮为"1"，不亮为"0"，则 $Y=AB$，灯与开关满足"与"逻辑关系。

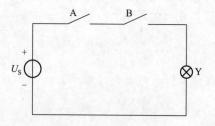

图 8-6 "与"逻辑电路

如果用表 8-1 将 Y 和 A、B 的关系表示出来，则表 8-1 称为真值表。

表 8-1 "与"逻辑真值表

A	B	Y
0	0	0
0	1	0
1	0	0
1	1	1

(2) "与"门

实现"与"逻辑运算关系的电路称为"与"门电路，简称"与"门。"与"门逻辑符号如图 8-7 所示。

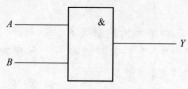

图 8-7 "与"门逻辑符号

74LS08 为"与"门集成电路芯片，其外形和管脚排列图如图 8-8 所示。

74LS08 芯片采用双列直插式外形封装，有 14 个管脚，其管脚编号判别方法是：把标志（凹口）置于上方，逆时针自左上脚依次而下。左下角 7 管脚接地，右上角 14 管脚接直流电源。

74LS08 芯片内部包括四个"与"门，每个"与"门含有两个输入端，因此称为四二输入"与"门芯片。

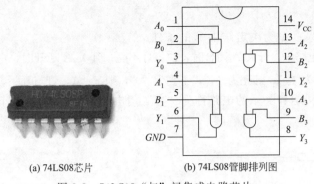

(a) 74LS08芯片　　　　　　(b) 74LS08管脚排列图

图 8-8　74LS08 "与"门集成电路芯片

【例 8-1】 已知"与"门的输入信号 A、B 的波形如图 8-9(a) 所示，画出输出信号 Y 的波形。

解　根据"与"门的逻辑关系：$Y=AB$，当 A 和 B 有一个为"0"时，$Y=0$；当 A 和 B 全部为"1"时，输出信号 $Y=1$。画出 Y 的波形如图 8-9(b) 所示。

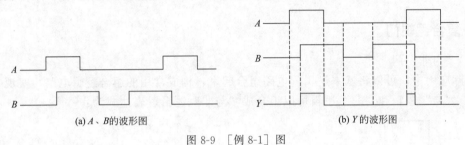

(a) A、B 的波形图　　　　　　(b) Y 的波形图

图 8-9　[例 8-1] 图

2. "或"逻辑与"或"门

(1) "或"逻辑

决定某一结果的各个条件中，只要具备一个条件，结果就发生，这种逻辑关系称为"或"逻辑。"或"逻辑的表达式为：

$$Y=A+B \tag{8-2}$$

如图 8-10 所示电路，当 A、B 两只开关有一个闭合，白炽灯 Y 就会亮，如果假设开关闭合为"1"，断开为"0"；灯亮为"1"，不亮为"0"，则 $Y=A+B$，灯与开关满足"或"逻辑关系。

(2) "或"门

实现"或"逻辑运算关系的电路称为"或"门电路，简称"或"门。"或"门逻辑符号如图 8-11 所示。

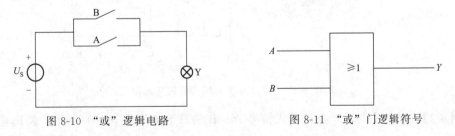

图 8-10　"或"逻辑电路　　　　　　图 8-11　"或"门逻辑符号

3. "非"逻辑与"非"门

结果与条件相反的逻辑关系称"非"逻辑，也称逻辑反。"非"逻辑的表达式为：

$$Y = \overline{A} \tag{8-3}$$

式中，Y 为结果；A 为决定结果 Y 的条件。

如图 8-12 所示电路中，开关 A 闭合时，白炽灯不亮；开关 A 断开时，白炽灯却会亮。假设开关闭合为"1"，断开为"0"；灯亮为"1"，不亮为"0"，则 $Y=\overline{A}$，灯与开关满足"非"逻辑关系。

实现"非"逻辑运算关系的电路称为"非"门电路，简称"非"门。"非"门逻辑符号如图 8-13 所示。

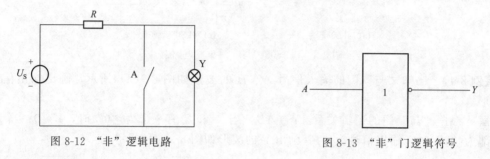

图 8-12 "非"逻辑电路　　　　　　图 8-13 "非"门逻辑符号

4. 复合逻辑门

(1)"与非"门

实际应用中，可以将基本逻辑门电路组合起来，构成常用的组合逻辑电路，实现各种逻辑功能。"与"逻辑和"非"逻辑可以组合成"与非"逻辑，表达式为：

$$Y = \overline{AB} \tag{8-4}$$

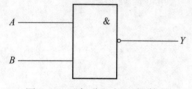

图 8-14 "与非"门逻辑符号

"与非"逻辑关系的特点是：当输入信号 A 和 B 中有一个为"0"时，输出为"1"；只有输入信号全为"1"时，输出才为"0"。

"与"门和"非"门可以组合成"与非"门，逻辑符号如图 8-14 所示。

"与非"门是应用最广泛的门电路，常用的集成芯片有 74LS00，其实物图和管脚排列图如图 8-15 所示。

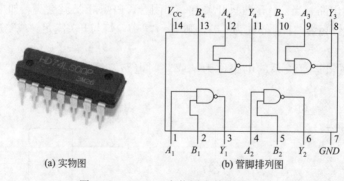

(a) 实物图　　　　(b) 管脚排列图

图 8-15 74LS00 实物图和管脚排列图

【例 8-2】已知"与非"门的输入信号 A、B 的波形如图 8-16(a) 所示，画出输出信号 Y 的波形。

解　根据"与非"门的逻辑关系：$Y=\overline{AB}$，当 A 和 B 有一个为"0"时，$Y=1$；当 A 和 B 全部为"1"时，输出信号 $Y=0$。画出 Y 的波形图，如图 8-16(b) 所示。

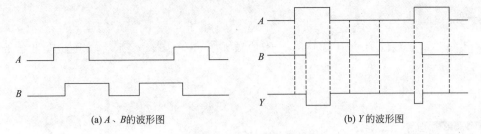

(a) A、B的波形图　　　　(b) Y的波形图

图 8-16　[例 8-2] 图

(2)"或非"门

在一个"或"门的输出端接一个"非"门,则可构成实现"或非"复合运算的电路,称"或非"门。"或非"门逻辑符号如图 8-17 所示。

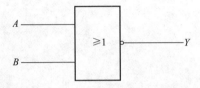

图 8-17　"或非"门逻辑符号

"或非"门的逻辑表达式为:

$$Y=\overline{A+B} \tag{8-5}$$

议一议

- 举例说明生活中存在的"与"逻辑、"或"逻辑和"非"逻辑关系。
- 仓库门上有两把锁,只有两把锁同时打开,仓库门才能打开,仓库门和锁之间属于什么逻辑关系?如果一把锁有两把钥匙,随便使用哪把钥匙都可以将锁打开,钥匙和锁之间属于什么逻辑关系?

想一想

- 如果电工电子课程学期成绩由学习态度、技能实训和基础知识三部分综合,只有三项都为"优",学期成绩才能评定为"优"。请假设逻辑变量,说明学期成绩与学习态度、技能实训和基础知识三部分的逻辑关系。
- 图 8-18 示出的是 74LS20 集成"与非"门芯片,如果要实现 $Y=ABC$,应该如何接线?多余的端子应如何处理?

做一做

- 用两个二极管组成"与"门、"或"门电路。
- "与非"门是实际中应用最广泛的一种门电路,它可以进行组合,实现"与"逻辑、"或"逻辑、"非"逻辑等逻辑关系。利用 74LS00 集成"与非"门芯片实现 $Y=\overline{A}$;$Y=AB$;$Y=A+B$ 的逻辑关系。

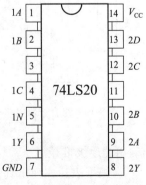

图 8-18　74LS20 集成"与非"门芯片

练一练

◆ 已知"或非"门的输入信号 A、B 的波形如图 8-16(a) 所示,画出输出信号 Y 的波形。

任务三 熟悉组合逻辑电路

知识目标 ▶▶

★ 了解组合逻辑电路的特点。
★ 掌握分析组合逻辑电路的方法。

技能目标 ▶▶

★ 连接简单的组合逻辑电路。

应用目标 ▶▶

★ 正确分析、比较简单的组合逻辑电路。

1. 认识组合逻辑电路

实际应用中的数字电路通常是多种逻辑门的组合,称为组合逻辑电路。

如图 8-19 所示的电路为组合逻辑电路,由四个门组成,其中 G_1、G_2、G_3 为"与"门,

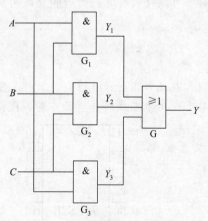

图 8-19 组合逻辑电路(一)

G 为"或"门。G_1 门的输出"Y_1"由输入信号"A"和"B"决定,$Y_1 = AB$;同理,$Y_2 = BC$;$Y_3 = AC$。而组合逻辑电路的输出"Y"为"或"门 G 的输出,仅与其输入信号 Y_1、Y_2 和 Y_3 有关,与组合逻辑电路的输入信号 A、B、C 没有直接关系,$Y = Y_1 Y_2 Y_3$。

组合逻辑电路的输出状态直接由当时的输入状态决定,不具有记忆功能。输出状态与输入信号作用前的电路状态没有关系,组成组合逻辑电路的基本单元电路是门电路。

2. 分析组合逻辑电路

组合逻辑电路的分析步骤如下。

① 根据组合逻辑电路写出逻辑表达式,由输入端到输出端逐级推导。

② 根据表达式列出真值表。

③ 根据真值表分析电路的逻辑功能。

【例 8-3】 组合逻辑电路如图 8-20 所示,分析电路的逻辑功能。

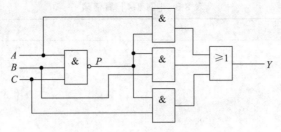

图 8-20　[例 8-3] 组合逻辑电路

解　(1) 由逻辑图逐级写出逻辑表达式，为了写表达式方便，假设中间变量 P：

$$P = \overline{ABC}$$
$$Y = AP + BP + CP = \overline{A\overline{ABC}} + \overline{B\overline{ABC}} + \overline{C\overline{ABC}}$$

(2) 由表达式列出真值表，如表 8-2 所示。

表 8-2　[例 8-3] 真值表

A	B	C	Y
0	0	0	0
0	0	1	1
0	1	0	1
0	1	1	1
1	0	0	1
1	0	1	1
1	1	0	1
1	1	1	0

(3) 分析逻辑功能。当 A、B、C 三个变量不一致时，电路输出为"1"，所以这个电路称为"不一致电路"。

【**例 8-4**】 组合逻辑电路的逻辑图如图 8-21 所示，分析电路的逻辑功能。

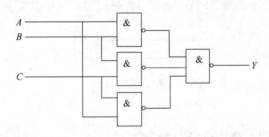

图 8-21　[例 8-4] 组合逻辑电路

解　(1) 由逻辑图写出逻辑表达式：

$$Y = \overline{\overline{AB}\,\overline{BC}\,\overline{AC}}$$

(2) 列真值表，如表 8-3 所示。

(3) 分析逻辑功能。由表 8-3 可知，若输入两个或两个以上的"1"（或"0"），输出 Y 为"1"（或"0"），此电路在实际应用中可作为三人表决电路。

表 8-3　[例 8-4] 真值表

A	B	C	Y
0	0	0	0
0	0	1	0
0	1	0	0
0	1	1	1
1	0	0	0
1	0	1	1
1	1	0	1
1	1	1	1

想一想

◆ 组合逻辑电路的特点是输出状态只与_____有关，与电路原来的状态_____，其基本单元电路是_____。

做一做

◆ 利用"与"门、"或"门、"非"门连接电路，实现 $Y = \overline{A + \overline{BC}}$ 的逻辑功能。

练一练

◆ 分析图 8-22 所示组合逻辑电路的逻辑功能。

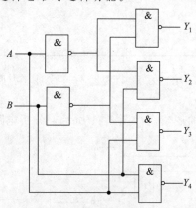

图 8-22　组合逻辑电路（二）

任务四　应用组合逻辑电路

知识目标

★ 了解译码器、编码器、加法器的作用。
★ 识读译码器、编码器、加法器的功能表，分析输出信号与输入信号的逻辑关系。
★ 了解半加器、全加器的功能及其区别。

> **技能目标**

★ 识别 74LS138 译码器、74LS148 编码器的管脚。
★ 利用 74LS138 译码器、74LS148 编码器连接编码电路和译码电路。

> **应用目标**

★ 正确使用 74LS148 编码器、74LS138 译码器。

1. 译码器

译码器是将输入代码转换成特定输出信号的电路。

（1）通用译码器

74LS138 是一种典型的二进制译码器，其实物图与逻辑图如图 8-23 所示。它有 3 个输入端 $A_0 \sim A_2$，8 个输出端 $Y_0 \sim Y_7$，所以常称为 3 线-8 线译码器，属于全译码器。输出为低电平有效，G_1、G_{2A} 和 G_{2B} 为使能输入端，译码器的功能如表 8-4 所示。

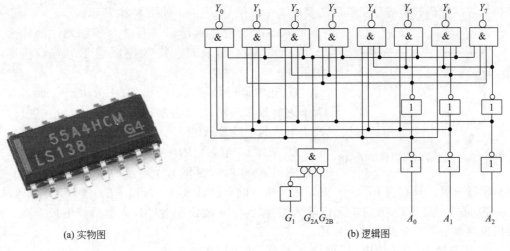

(a) 实物图　　　　　　　　　　(b) 逻辑图

图 8-23　74LS138 通用译码器

表 8-4　3 线-8 线译码器 74LS138 功能表

输入端						输出端							
G_1	G_{2A}	G_{2B}	A_2	A_1	A_0	Y_0	Y_1	Y_2	Y_3	Y_4	Y_5	Y_6	Y_7
×	1	×	×	×	×	1	1	1	1	1	1	1	1
×	×	1	×	×	×	1	1	1	1	1	1	1	1
0	×	×	×	×	×	1	1	1	1	1	1	1	1
1	0	0	0	0	0	0	1	1	1	1	1	1	1
1	0	0	0	0	1	1	0	1	1	1	1	1	1
1	0	0	0	1	0	1	1	0	1	1	1	1	1
1	0	0	0	1	1	1	1	1	0	1	1	1	1
1	0	0	1	0	0	1	1	1	1	0	1	1	1
1	0	0	1	0	1	1	1	1	1	1	0	1	1
1	0	0	1	1	0	1	1	1	1	1	1	0	1
1	0	0	1	1	1	1	1	1	1	1	1	1	0

（2）数字显示译码器

如果译码器能够将数字量翻译成数字显示器能够识别的信号，称为数字显示译码器。

目前应用最广泛的数字显示器是由发光二极管构成的七段数字显示器，将7个（加小数点为8个）发光二极管按一定的方式排列起来，利用不同发光段的组合，显示不同的阿拉伯数字，如图 8-24 所示。

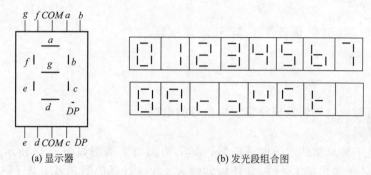

(a) 显示器　　　　　　　　(b) 发光段组合图

图 8-24　七段数字显示器及发光段组合图

七段显示译码器 74LS48 是一种与共阴极数字显示器配合使用的集成译码器，将输入的四位二进制代码转换成显示器所需要的 7 个段信号 $a \sim g$，如图 8-25 所示。

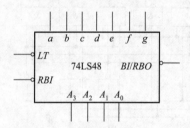

图 8-25　七段显示译码器 74LS48

74LS48 七段显示译码器有 3 个控制端：试灯输入端 LT、灭零输入端 RBI、特殊控制端 BI/RBO，其功能如下。

① 正常译码显示　$LT=1$，$BI/RBO=1$ 时，对输入为十进制数 1~15 的二进制码（0001~1111）进行译码，产生对应的七段显示码。

② 灭零　当输入 $RBI=0$，而输入为十进制 0 对应的二进制码 0000 时，则显示译码器的 $a \sim g$ 输出全为 "0"，使显示器全灭；只有当 $RBI=1$ 时，才产生 0 的七段显示码。所以 RBI 称为灭零输入端。

③ 试灯　当 $LT=0$ 时，无论输入怎样，$a \sim g$ 输出全为 "1"，数码管七段全亮。由此可以检测显示器 7 个发光段的好坏。

④ 特殊控制　BI/RBO 可以作输入端，也可以作输出端。

作输入使用时，如果 $BI=0$ 时，不管其他输入端为何值，$a \sim g$ 均输出 "0"，显示器全灭，因此 BI 称为灭灯输入端。

作输出端使用时，受控于 RBI。当 $RBI=0$，输入二进制码 0000 时，$RBO=0$，用以指示该片正处于灭零状态。所以，RBO 又称为灭零输出端。

将 BI/RBO 和 RBI 配合使用，可以实现多位数显示时的"无效 0 消隐"功能。

2. 编码器

将字母、数字、符号等信息编成一组二进制代码，称为编码，实现编码的电路称为编码器。

74LS148 是一种 8 线-3 线优先编码器，它可以将 8 条数据线编码为二进制的 3 条输出数据线。当多个输入信号同时出现时，只对其中优先级最高的一个进行编码。图 8-26 示出的是 74LS148 编码器的管脚排列图。

74LS148 优光编码器的功能如表 8-5 所示，其中 $I_0 \sim I_7$ 为编码输入端，低电平有效；$A_0 \sim A_2$ 为编码输出端，也为低电平有效。

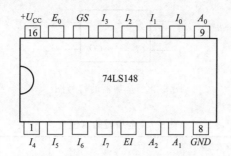

图 8-26　74LS148 优先编码器的管脚排列图

表 8-5　74LS148 优先编码器的功能表

输入端									输出端				
EI	I_0	I_1	I_2	I_3	I_4	I_5	I_6	I_7	A_2	A_1	A_0	GS	EO
1	×	×	×	×	×	×	×	×	1	1	1	1	1
0	1	1	1	1	1	1	1	1	1	1	1	1	0
0	×	×	×	×	×	×	×	0	0	0	0	0	1
0	×	×	×	×	×	×	0	1	0	0	1	0	1
0	×	×	×	×	×	0	1	1	0	1	0	0	1
0	×	×	×	×	0	1	1	1	0	1	1	0	1
0	×	×	×	0	1	1	1	1	1	0	0	0	1
0	×	×	0	1	1	1	1	1	1	0	1	0	1
0	×	0	1	1	1	1	1	1	1	1	0	0	1
0	0	1	1	1	1	1	1	1	1	1	1	0	1

3. 加法器

在计算机和数字系统中经常要对数进行算术运算，加法运算是最基本的运算。

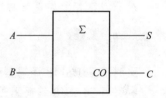

图 8-27　半加器的符号图

不考虑由低位来的进位，只有本位两个数相加，称为半加器。图 8-27 为半加器的符号图。其中 A、B 分别为被加数与加数，作为电路的输入信号；S 为两数相加产生的本位和，它和两数相加产生的向高位的进位 C 一起作为电路的输出。

半加器的功能如表 8-6 所示。

表 8-6　半加器的功能表

输入端		输出端	
A	B	S	C
0	0	0	0
0	1	1	0
1	0	1	0
1	1	0	1

全加器是完成两个一位二进制数和相邻低位的进位数相加的电路，图 8-28 为全加器的符号图。其中 A_i 和 B_i 分别表示被加数和加数输入，C_{i-1} 表示来自相邻低位的进位输入，S_i 为本位和输出，C_i 为向相邻高位的进位输出。

全加器的功能表（真值表）如表 8-7 所示。

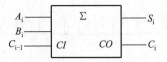

图 8-28 全加器的符号图

表 8-7 全加器的真值表

输入端			输出端	
A_i	B_i	C_{i-1}	S_i	C_i
0	0	0	0	0
0	0	1	1	0
0	1	0	1	0
0	1	1	0	1
1	0	0	1	0
1	0	1	0	1
1	1	0	0	1
1	1	1	1	1

想一想

- 什么是译码？什么是编码？它们有着怎样的关系？
- 半加器和全加器的功能有什么不同？

做一做

- 利用 74LS148 译码器连接译码电路。
- 利用 74LS48 编码器连接编码电路。

任务五 了解时序逻辑电路

知识目标 ▶▶

★ 了解时序逻辑电路的特点。
★ 了解时序逻辑电路的分析方法。

技能目标 ▶▶

★ 利用"与非"门连接简单的时序逻辑电路。

应用目标 ▶▶

★ 分析简单的时序逻辑电路。

1. 认识时序逻辑电路

时序逻辑电路的输出信号不仅取决于当时的输入信号，还取决于电路原来的输出状态，其结构框图如图 8-29 所示。

图 8-30 所示电路为最基本的时序逻辑电路。电路的输出 Q、$\overline{Q}$ 的结果不仅与输入信号 $\overline{R}$ 和 $\overline{S}$ 有关，还与电路原来的输出状态有关，这是时序逻辑电路与组合逻辑电路最重要的区别。

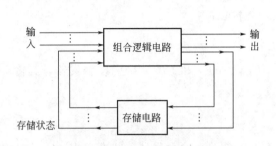

图 8-29　时序逻辑电路的结构框图

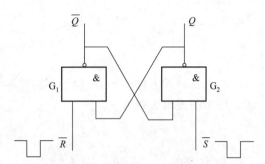

图 8-30　最基本的时序逻辑电路

计数器是最典型的时序逻辑电路，计数的结果不仅取决于输入信号，还取决于计数器原来的状态。如果原来的状态为"3"，再来个输入信号，计数结果为"4"；如果原来的状态为"8"，再来个输入信号，计数结果就应该为"9"。

2. 分析时序逻辑电路

时序逻辑电路的分析就是根据给定的电路，通过一定的过程求出它的状态表、状态图或时序图（或称工作波形图），从而确定电路的逻辑功能和工作特点。分析过程一般可按以下步骤进行。

① 根据给定电路分别写出各个触发器的时钟信号、触发器的输入信号和电路输出信号的表达式（分别称为时钟方程、驱动方程和输出方程）。

② 将驱动方程代入所用触发器的特性方程，得到一个触发器的次态与输入及初态之间关系的函数，即电路的状态方程。

③ 假定初态，分别代入状态方程和输出方程进行计算，依次求出在某一初始状态下的次态和输出。

④ 根据计算结果，列相应的状态转换真值表（状态表），并由此整理得出状态转换图（状态图）或画出其时序图。

⑤ 根据状态转换图确定其功能及特点。

【例 8-5】　时序逻辑电路如图 8-31 所示，分析电路的逻辑功能。

解　（1）写时钟方程、驱动方程和输出方程。该电路属同步时序逻辑电路，时钟方程为

$$CP_0 = CP_1 = CP_2 = CP$$

驱动方程为

$$\begin{cases} J_0 = 1, \ K_0 = 1 \\ J_1 = K_1 = Q_0 \\ J_2 = K_2 = Q_1 Q_0 \end{cases}$$

输出方程为

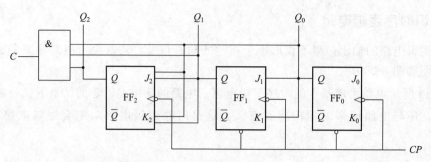

图 8-31 [例 8-5] 时序逻辑电路图

$$C = Q_2 Q_1 Q_0$$

(2) 将驱动方程代入 JK 触发器的特性方程。FF_0、FF_1 和 FF_2 均为 JK 触发器，其输入、输出的逻辑关系为

$$Q^{n+1} = J\overline{Q}^n + \overline{K}Q^n \tag{8-6}$$

将 J_0 和 K_0、J_1 和 K_1、J_2 和 K_2 代入式(8-1)，得到各个触发器的状态方程

$$\begin{cases} Q_0^{n+1} = J_0 \overline{Q}_0^n + \overline{K}_0 Q_0 = \overline{Q}_0^n \\ Q_1^{n+1} = J_1 \overline{Q}_1^n + \overline{K}_1 Q_1^n = Q_0^n \overline{Q}_1^n + \overline{Q}_0^n Q_1^n \\ Q_2^{n+1} = J_2 \overline{Q}_2^n + \overline{K}_2 Q_2^n = Q_1^n Q_0^n \overline{Q}_2^n + \overline{Q_1^n Q_0^n} Q_2^n \end{cases}$$

(3) 假定初态，代入状态方程，计算次态和输出。

假定 $Q_2^n Q_1^n Q_0^n = 000$，计算得：$Q_2^{n+1} Q_1^{n+1} Q_0^{n+1} = 001, C = 0$

假定 $Q_2^n Q_1^n Q_0^n = 001$，计算得：$Q_2^{n+1} Q_1^{n+1} Q_0^{n+1} = 010, C = 0$

……

假定 $Q_2^n Q_1^n Q_0^n = 111$，计算得：$Q_2^{n+1} Q_1^{n+1} Q_0^{n+1} = 000, C = 1$

(4) 根据以上结果，可列出状态转换表（状态表）如表 8-8 所示。

表 8-8 [例 8-5] 的状态转换表

CP 序数	Q_2^n	Q_1^n	Q_0^n	Q_2^{n+1}	Q_1^{n+1}	Q_0^{n+1}	C
1	0	0	0	0	0	1	0
2	0	0	1	0	1	0	0
3	0	1	0	0	1	1	0
4	0	1	1	1	0	0	0
5	1	0	0	1	0	1	0
6	1	0	1	1	1	0	0
7	1	1	0	1	1	1	0
8	1	1	1	0	0	0	1

把表 8-8 的结果整理成状态转换图的形式，如图 8-32 所示，它直观地反映了电路在时钟脉冲的作用下状态依次转换的情况。

从图 8-32 可以看出，$Q_2 Q_1 Q_0$ 的状态转换实际上是三位二进制累加计数的情况，若视 CP 为计数脉冲，则该电路可以命名为三位二进制加法计数器，其输出 C 正好反映了低三位计满以后向高位进位的情况。

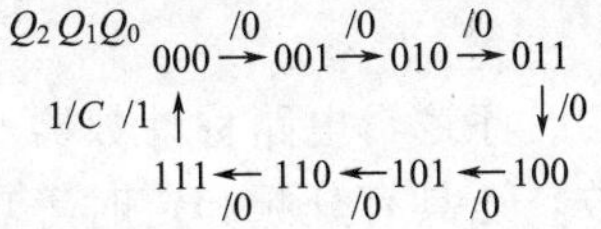

$Q_2Q_1Q_0$
$$000 \xrightarrow{/0} 001 \xrightarrow{/0} 010 \xrightarrow{/0} 011$$
$1/C\ /1\ \uparrow \qquad\qquad\qquad\qquad \downarrow /0$
$$111 \xleftarrow{/0} 110 \xleftarrow{/0} 101 \xleftarrow{/0} 100$$

图 8-32 ［例 8-5］的状态转换图

想一想

- 什么是时序逻辑电路？它和组合逻辑电路有什么本质的区别？
- 时序逻辑电路的分析步骤有哪些？和组合逻辑电路的分析有什么区别？

做一做

- JK 触发器是时序逻辑电路中常用的元件，查阅资料，熟悉 JK 触发器的输入、输出逻辑关系。利用 JK 触发器连接图 8-31 所示电路，验证电路的功能。

练一练

- 分析图 8-33 所示时序逻辑电路的逻辑功能，设触发器的初始状态为 0。

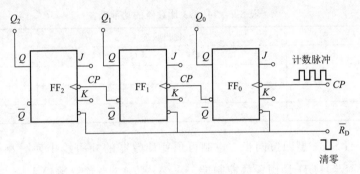

图 8-33 时序逻辑电路图

任务六 应用时序逻辑电路

知识目标

★ 了解 74LS93 计数器的管脚排列和功能。
★ 了解 74LS375、74LS195 寄存器的管脚排列和功能。

技能目标

★ 连接 74LS93 计数器和 74LS375、74LS195 寄存器。

应用目标

★ 正确使用 74LS93 计数器和 74LS375、74LS195 寄存器。

1. 计数器

累计并能寄存输入脉冲个数的时序逻辑电路称计数器。计数器是数字系统中用途最广泛的基本逻辑器件。它不仅可以计数，还具有分频和定时等功能。

74LS93 是一种异步四位二进制加法计数器，其管脚排列如图 8-34 所示。

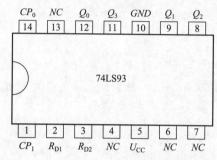

图 8-34　74LS93 计数器的管脚排列图

该芯片有两个异步清零端，当 R_{D1}、R_{D2} 同时为高电平时，$Q_3Q_2Q_1Q_0=0000$，计数器禁止计数。计数器工作时，要求 R_{D1}、R_{D2} 中至少有一个为低电平。74LS93 计数器的功能如表 8-9 所示。

表 8-9　74LS93 计数器的功能表

清零输入		输出状态				功　能
R_{D1}	R_{D2}	Q_3	Q_2	Q_1	Q_0	
1	1	0	0	0	0	清零(复位)
0	X					计数
X	0					计数

图 8-35 为 74LS161 型四位同步二进制可预置计数器的外引线排列图及其逻辑符号，其中 $\overline{R_D}$ 是直接清零端，$\overline{LD}$ 是预置数控制端，$A_3A_2A_1A_0$ 是预置数输入端，EP 和 ET 是计数控制端，$Q_3Q_2Q_1Q_0$ 是计数输出端，RCO 是进位输出端。74LS161 型四位同步二进制可预置计数器的功能如表 8-10 所示。

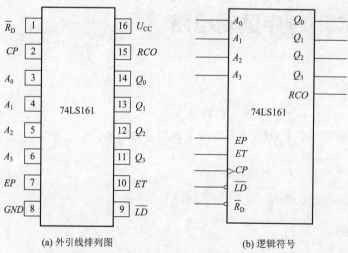

(a) 外引线排列图　　　　(b) 逻辑符号

图 8-35　74LS161 型四位同步二进制可预置计数器

表 8-10　74LS161 型四位同步二进制可预置计数器的功能表

直接清零	预置数控制	计数控制		时钟	预置数据输入				计数输出			
$\overline{R}_D$	$\overline{LD}$	EP	ET	CP	A_3	A_2	A_1	A_0	Q_3	Q_2	Q_1	Q_0
0	×	×	×	×	×	×	×	×	0	0	0	0
1	0	×	×	↑	d_3	d_2	d_1	d_0	d_3	d_2	d_1	d_0
1	1	0	×	×	×	×	×	×	保持			
1	1	×	0	×	×	×	×	×	保持			
1	1	1	1	↑	×	×	×	×	计数			

由表 8-10 可知，74LS161 具有以下功能。

① 异步清零　$\overline{R}_D = 0$ 时，计数器输出被直接清零，与其他输入端的状态无关。

② 同步并行预置数　在 $\overline{R}_D = 1$ 条件下，当 $\overline{LD} = 0$ 且有时钟脉冲 CP 的上升沿作用时，A_3、A_2、A_1、A_0 输入端的数据 d_3、d_2、d_1、d_0 将分别被 Q_3、Q_2、Q_1、Q_0 所接收。

③ 保持　在 $\overline{R}_D = \overline{LD} = 1$ 条件下，当 $ET\ EP = 0$ 时，不管有无 CP 脉冲作用，计数器都将保持原有状态不变。需要说明的是，当 $EP = 0$，$ET = 1$ 时，进位输出 RCO 也保持不变；而当 $ET = 0$ 时，不管 EP 状态如何，进位输出 $RCO = 0$。

④ 计数　当 $\overline{R}_D = \overline{LD} = EP = ET = 1$ 时，74LS161 处于计数状态。

2. 寄存器

寄存器是数字系统中常见的数字部件，它一般用来存放数据（包括中间结果）、指令等，寄存器除了实现接收数码、清除原有数码功能以外，有的还有移位功能，因此，一般分为数码寄存器和移位寄存器。

（1）数码寄存器

在数据处理过程中，常常需要把一些数码或运算结果暂时存放起来，然后根据需要再取出来进行处理或运算。这种只有最简单的清除原有数码、接收并存放新数码功能的寄存器称为数码寄存器。数码寄存器由于具有对数据的暂存功能，也就是锁存功能，故又称为锁存器。

74LS375 是互补输出的四位锁存器，其管脚排列图如图 8-36 所示。

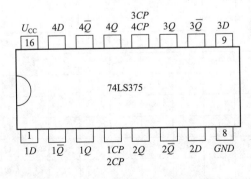

图 8-36　74LS375 锁存器的管脚排列图

74LS375 锁存器的功能如表 8-11 所示。

表 8-11 74LS375 锁存器功能表

输入		输出		功能说明
D	CP	Q	$\bar{Q}$	
0	1	0	1	接收 0
1	1	1	0	接收 1
×	0	Q_0	$\bar{Q}_0$	锁存数码

74LS375 锁存器主要有如下功能。

① 接收数码　在 $CP=1$ 时，$Q=D$，数码存入寄存器。

② 锁存数码　$CP=0$ 时，无论输入如何变化，锁存器输出状态不变，具有锁存功能。

(2) 移位寄存器

不但可以存入数码，而且还能够将数码逐个左向移动（或右向移动）的寄存器称为移位寄存器。

74LS195 是四位并行输入（带串行输入），并行输出的移位寄存器，其管脚排列如图 8-37 所示。

74LS195 移位寄存器的功能如表 8-12 所示。

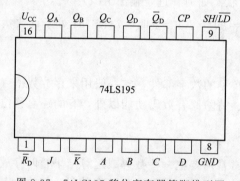

图 8-37　74LS195 移位寄存器管脚排列图

表 8-12　74LS195 移位寄存器的功能表

输入									输出					功能说明
消除	移位/置入	时钟	串行输入		并行输入									
$\bar{R}_D$	$SH/\overline{LD}$	CP	J	$\bar{K}$	A	B	C	D	Q_A	Q_B	Q_C	Q_D	$\bar{Q}_D$	
0	×	×	×	×	×	×	×	×	0	0	0	0	1	消除
1	0	↑	×	×	A	B	C	D	A	B	C	D	$\bar{D}$	并行置入
1	1	0	×	×	×	×	×	×	Q_{A0}	Q_{B0}	B_{C0}	Q_{D0}	$\bar{Q}_{D_0}$	保持不变
1	1	↑	0	1	×	×	×	×	Q_{An}	Q_{An}	Q_{Bn}	Q_{Cn}	$\bar{Q}_{Cn}$	右移
1	1	↑	0	0	×	×	×	×	0	Q_{An}	Q_{Bn}	Q_{Cn}	$\bar{Q}_{Cn}$	右移
1	1	↑	1	1	×	×	×	×	1	Q_{An}	Q_{Bn}	Q_{Cn}	$\bar{Q}_{Cn}$	右移
1	1	↑	1	0	×	×	×	×	$\bar{Q}_{An}$	Q_{An}	Q_{Bn}	Q_{Cn}	$\bar{Q}_{Cn}$	右移

由功能表可知，74LS195 移位寄存器有如下功能。

① 消除　在 $\overline{R}_D=0$ 时，无论其他输入端为何种状态，都能使 $Q_A Q_B Q_C Q_D=0000$。

② 并行置数　在 $\overline{R}_D=1$ 时，$SH/\overline{LD}=0$ 时，在 CP 上升沿作用下，寄存器并行置数，$Q_A Q_B Q_C Q_D=ABCD$。

③ 记忆保持　在 $\overline{R}_D=1$，$SH/\overline{LD}=1$ 时，无论 J、$\overline{K}$、A、B、C、D 为何种状态，只要没有 CP 上升沿作用，寄存器就保持原态。

④ 移位操作　在 $\overline{R}_D=1$，$SH/\overline{LD}=1$ 时，在 CP 上升沿作用下，Q_A 的状态由 J、$\overline{K}$ 决定，$Q_B=Q_{An}$、$Q_C=Q_{Bn}$、$Q_D=Q_{Cn}$，寄存器右向移位。

在单向移位寄存器的基础上适当增加一些控制门，就可实现既可左移又可右移的双向移位寄存器，这样的集成芯片也有很多可供选用，如 74LS194。

想一想

- 寄存器的逻辑功能是什么？数码寄存器和移位寄存器有何不同？
- 什么是计数器？说明 74LS93 计数器的 R_{D1}、R_{D2} 端的作用。
- 什么是寄存器？说明 74LS195 移位寄存器的 $\overline{R}_D$、$SH/\overline{LD}$ 端的作用。

做一做

- 利用 74LS93 计数器芯片连接计数器电路。
- 利用 74LS375、74LS195 寄存器芯片连接寄存器电路。

任务七　了解 555 定时器

知识目标 ▶▶

★ 555 定时器的组成及工作原理。
★ 555 定时器的分析方法。

技能目标 ▶▶

★ 利用 555 定时器连接实际应用电路。

应用目标 ▶▶

★ 应用 555 定时器制作简单的实用电路。

1. 认识 555 定时器

555 定时器是一种模拟电路和数字电路相结合的中规模集成电器，其内部结构及端子排列图如图 8-38 所示，由分压器、基本 RS 触发器和放电三极管等部分组成。

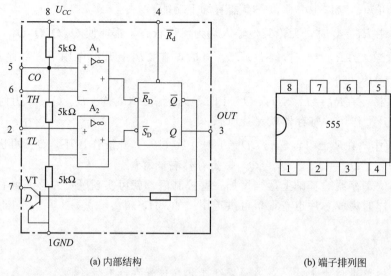

(a) 内部结构　　　　　　　　(b) 端子排列图

图 8-38　555 定时器

555 定时器各端子的作用如下。

① 8 端子　接电源电压 U_{CC}，当外接电源在允许范围内时均能正常工作。

② 3 端子　输出端 OUT，输出电流达 200mA，可直接驱动继电器、发光二极管、扬声器、指示灯等。

③ 6 端子　高触发输入端 TH，当输入电压低于 $\frac{2}{3}U_{CC}$ 时，A_1 的输出为高电平"1"；当输入电压高于 $\frac{2}{3}U_{CC}$ 时，A_1 输出低电平"0"，使输出 3 端复零。

④ 2 端子　低触发输入端 TL，当输入的触发电压高于 $\frac{1}{3}U_{CC}$ 时，A_2 的输出为高电平"1"；当输入电压高于 $\frac{1}{3}U_{CC}$，A_2 输出低电平"0"，使输出 3 端置"1"。

⑤ 4 端子　复位端 $\overline{R}_d$，低电平有效，输入负脉冲时，触发器直接复零。平时 $\overline{R}_d$ 保持高电平。

⑥ 5 端子　电压控制端 CO，若在该端外加一电压，就可改变比较器的参考电压值。此端不用时，一般用 $0.01\mu F$ 电容接地，以防止干扰电压影响。

⑦ 7 端子　放电端 D。

⑧ 1 端子　接地端 GND。

555 定时器的功能如表 8-13 所示。

表 8-13　555 定时器的功能表

输入			输出	
高触发输入 $TH(u_{I1})$	低触发输入 $TL(u_{I2})$	复位 $\overline{R}_d$	输出 $OUT(u_o)$	放电管 $D(VT)$
×	×	0	0	导通
$>\frac{2}{3}U_{CC}$	$>\frac{1}{3}U_{CC}$	1	0	导通
$<\frac{2}{3}U_{CC}$	$<\frac{1}{3}U_{CC}$	1	1	截止
$<\frac{2}{3}U_{CC}$	$>\frac{1}{3}U_{CC}$	1	不变	原态

2. 应用 555 定时器

(1) 施密特触发器

施密特触发器是一种波形变换电路，可以将正弦波、三角波或一些不规则的输入波形变为良好的矩形波。

图 8-39(a) 为用 555 定时器构成的施密特触发器电路图，将高触发输入端与低触发输入端连在一起，作为电路的输入端。设输入信号 u_i 为一三角波信号，当 $u_i > \frac{2}{3}U_{CC}$ 时，输出 u_o 为 0；当 $u_i < \frac{1}{3}U_{CC}$ 时，输出 u_o 为 1。于是从 555 定时器的输出端就得到一个矩形波信号。该电路输出与输入波形的关系如图 8-39(b) 所示。

施密特触发器在脉冲波形的产生与变换电路中常用于波形的变换、整形和脉冲幅度的鉴别。

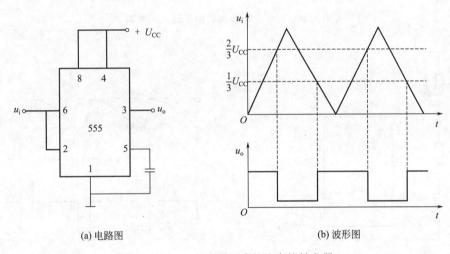

(a) 电路图　　　　　　　　　(b) 波形图

图 8-39　555 定时器组成的施密特触发器

(2) 单稳态触发器

单稳态触发器是一种只有一个稳定状态的电路，如果没有外加输入信号的变化，电路将保持这一稳定状态。当受到外加触发脉冲的作用时，电路能够从稳定状态翻转到一种与之相反的状态（暂稳态），电路将在这一状态维持一定时间，依靠自身的作用，电路将自动返回到稳定状态。由 555 定时器构成的单稳态触发器如图 8-40 所示。

由图 8-40(b) 可以看出，暂稳态的时间就是输出 u_o 为高电平的时间，它是 u_C 由 0 充电至 $\frac{2}{3}U_{CC}$ 的时间，这一时间称为 u_o 的输出脉冲宽度 t_W。

$$t_W = RC \text{Ln}3 \approx 1.1RC \tag{8-7}$$

单稳态触发器广泛应用于脉冲波形的变换以及自动控制电路的定时与延时。

(3) 多谐振荡器

用 555 定时器组成的多谐振荡器电路如图 8-41(a) 所示。6 端（高触发输入端）与 2 端（低触发输入端）相连，并与 R_1、R_2、C 相接，7 端（放电端）直接在 R_1 与 R_2 的连接处。电路没有输入端。当 VT 截止时，$+U_{CC}$ 通过 R_1、R_2 对 C 进行充电；当 VT 导通时，C 通过 R_2 和 555 定时器内部的导通管进行放电。

设电路在接通电源前，电容 C 上的电压为 0。接通电源 U_{CC} 后，由于 $u_C = 0$，$u_{I1} =$

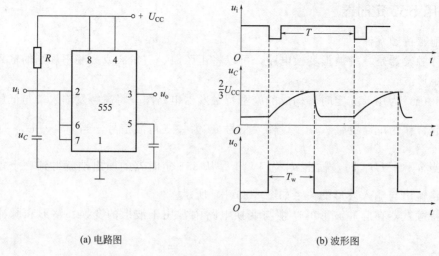

(a) 电路图　　　　　　　　　(b) 波形图

图 8-40　555 定时器构成的单稳态触发器

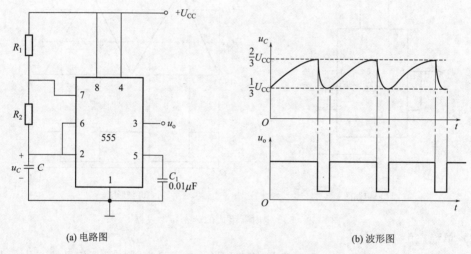

(a) 电路图　　　　　　　　　(b) 波形图

图 8-41　555 定时器构成的多谐振荡器

$u_{I2}=0<\frac{1}{3}U_{CC}$，$u_o=0$，VT 截止，这时电源经电阻 R_1 和 R_2 对电容 C 充电，当电容电压 u_C 上升到 $\frac{2}{3}U_{CC}$ 时，u_o 高电平"1"翻转为低电平"0"，放电管 VT 导通，已充电至 $\frac{2}{3}U_{CC}$ 的电容 C 通过电阻 R_2 和放电管 VT 放电，电容电压 u_C 下降。当 u_C 下降到 $\frac{1}{3}U_{CC}$ 时，u_o 由低电平"0"翻转为高电平"1"，此时放电管 VT 截止，电源又经电阻 R_1 和 R_2 对电容 C 充电。如此循环重复上述过程，就在 555 定时器的输出端产生一连续的矩形波，波形如图 14-4(b) 所示。

振荡波形的周期为

$$T=0.7(R_1+R_2)C+0.7R_2C$$
$$=0.7(R_1+2R_2)C \tag{8-8}$$

(4) 555 定时器的其他应用

① 触摸式语音车铃电路　触摸式语音车铃电路如图 8-42 所示。IC_1 组成单稳态电路，

IC$_2$ 为语音集成电路。IC$_1$ 单稳态电路在稳态时，其 3 端子输出为低电平，语音集成电路不工作，扬声器不发声。当用手触摸电极片 A 时，人体感应的杂散信号经 C_1 加到 IC$_1$ 的触发输入端，使单稳态电路翻转并进入暂稳态，其 3 端子输出为高电平，该电平经 C_4 滤波和 VD$_1$ 稳压后得到 4.5V 的直流电压，为 IC$_2$ 供电。由于 IC$_2$ 的触发端 2 端子与 V_{DD} 端相接，故 IC$_2$ 在触发的同时也得电，在其输出端输出语音信号。该语音信号经 VT$_1$ 放大后驱动扬声器发出"请让路，谢谢"的语言声响。

每触摸一次电极片 A，IC$_1$ 翻转一次，电路发出两次语音声响，IC$_1$ 翻转的暂稳态时间为 5s。

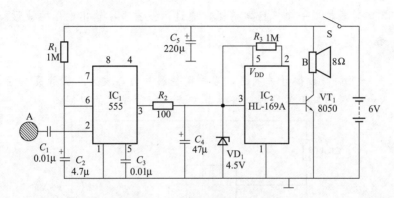

图 8-42　触摸式语音车铃电路

② 液位监控电路　用 555 定时器组成的液位监控电路如图 8-43 所示。当液面低于正常值时，监控器发出报警。

电路是由 555 定时器组成的多谐振荡器，其振荡频率由 R_1、R_2 和 C 的值决定。电容两端引出两个探测电极，插入液体内。液位正常时，探测电极被液体短路，振荡器不振荡，扬声器不发声。当液面下降到探测电极以下时，探测电极开路，电源通过 R_1、R_2 给 C 充电，当 u_C 升至 $\frac{2}{3}U_{CC}$ 时，振荡器开始振荡，扬声器发出报警。

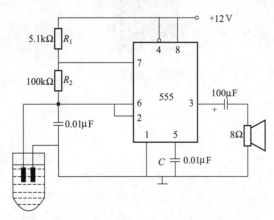

图 8-43　液位监控电路

扬声器的发声频率为多谐振荡器的频率

$$f = \frac{1.43}{(R_1 + 2R_2)C} = \frac{1.43}{(5.1 + 2 \times 100) \times 10^3 \times 0.01 \times 10^{-6}} = 697.2(\text{Hz})$$

想一想

◆ 555 定时器有些什么功能？

◆ 比较施密特触发器、单稳态触发器和多谐振荡器在电路结构上的区别，它们的功能有什么不同？

做一做

◆ 应用 555 定时器构成一个多谐振荡器，通过示波器观察输出电压的波形。

练一练

◆ 图 8-44 是一个简易触摸开关电路，当手摸金属片时，发光二极管亮，经过一定时间，发光二极管熄灭。试说明其工作原理，并估算发光二极管发光的时间。

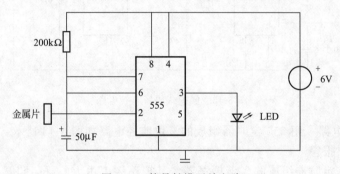

图 8-44　简易触摸开关电路

模块八　习题解答

模块九 安全用电与节约用电

安全用电包括供电系统的安全、用电设备的安全和人身安全三个方面。节约用电包括企业节约用电和家庭节约用电。

任务一 熟悉安全用电常识

知识目标 ▶▶

★ 了解人体触电的类型及基本防护方法。
★ 熟悉安全用电常识。

技能目标 ▶▶

★ 熟悉脱离电源的简单措施。
★ 了解人口呼吸法的使用场合及操作要领。
★ 了解胸外挤压法的使用场合及操作要领。

应用目标 ▶▶

★ 在日常生活和生产中安全用电。
★ 正确处理触电情况。

1. 人体触电类型

人体因触及带电体而承受过高的电压,引起死亡或局部受伤的现象称为触电。当通过人体的电流超过 50mA,时间超过 1s 时,就可能造成生命危险。一般人体电阻在八百欧姆至几万欧姆不等,皮肤潮湿、有损伤,会使人体的电阻值下降。因此,我国规定 36V 以下为安全电压,车床的照明一般都采用 36V 电压。在环境特别恶劣的工作场合,如化工厂的部分车间、矿井下的照明电压为 12V。

人体常见的触电方式有三种类型:单相触电、两相触电和跨步电压触电。

(1) 单相触电

人体触及三相电源中任一根相线，而又同时和大地接触，叫单相触电，如图9-1所示。

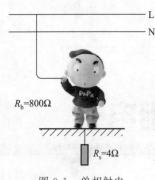

图 9-1 单相触电

接地电阻按国家规定，最大不允许超过 4Ω。通常用圆钢或角钢作接地极，接地极深度不小于 2m。设电源电压为 220V，人体电阻为 800Ω，这时通过人体的电流为 $220/(800+4)=274(mA)$，大大超过 50mA，所以会对人体构成危险。

单相触电是日常生活和生产中最普遍的触电方式，在不方便切断电源的情况下，可以通过穿绝缘鞋、戴绝缘手套或站在干燥的木板、木桌椅等绝缘物上操作等方式，使操作者与大地隔离，电流不能形成回路，达到预防或避免单相触电的目的。

(2) 两相触电

如果人体同时触及三相电源的任意两根相线，称两相触电，如图9-2所示。

此时，通过人体的电流为 $380/800=475(mA)$，因此，两相触电的危险程度比单相触电更大。防止两相触电的办法有两种：一是防止电流形成回路，如电类从业人员工作时要求穿绝缘鞋，戴绝缘手套；二是使人体等电位，高压电线维护人员工作时常穿一种采用导电良好的金属丝制成的衣服，称为等电位服，目的是使人体各个部位的电位相等，保障作业者的安全。当发生两相触电时，电源将发生短路，使熔断器等保护装置动作。

(3) 跨步电压触电

高压电线及电气设备发生接地故障时，电流在接地点周围产生电压降，当人体在接地点周围行走时，两脚之间就会有一定的电压，称为跨步电压。两脚之间的距离越大，跨步电压的数值越高，这种触电方式称为跨步电压触电，如图9-3所示。

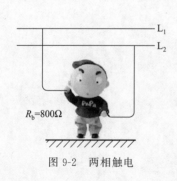

图 9-2 两相触电

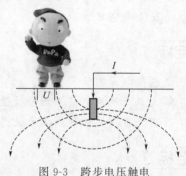

图 9-3 跨步电压触电

防止跨步电压触电的简单方法是单腿跳离或双腿并拢跳离。

2. 常见触电原因

人体触电可分为两种情况：一种是雷击或高压触电，较大的电流通过人体产生热效应、化学效应和机械效应，使人的肌体遭受伤害；另一种是低压触电，在数百毫安至数十安培电流的作用下，人的肌体产生病理、生理性反应，轻的有针刺痛感，或出现痉挛、血压升高、心律不齐，甚至昏迷等暂时性的功能失常，重的可引起呼吸停止、心搏骤停、心室纤维性颤动等危及生命的伤害。

常见的触电原因主要有供电线路架设不合规格、电气操作制度不严格、用电设备不符合要求和用电不谨慎。

(1) 供电线路架设不合规格

室内外线路对地距离、导线之间的距离小于允许值，如图 9-4 所示。通信线与电力线间隔过近或同杆架设；线路绝缘破损等。

（2）电气操作制度不严格

带电操作时不采取可靠的保护措施；不熟悉电路和电器而盲目修理；救护已触电人员时自身不采取安全保护措施；停电检修时不挂警告牌；检修电路和电器时使用不合格的工具；人体与带电体过分接近，又无绝缘措施或保护措施；在架空线上操作时不在相线上加临时接地线；无可靠的防高空跌落措施等。

图 9-4　导线之间距离太小

（3）用电设备不符合要求

电气设备内部绝缘损坏，金属外壳又未加保护接地措施或保护接地线太短、接地电阻太大；开关、闸刀、灯具、携带式电器绝缘外壳破损，失去保护作用；开关、熔断器误装在中线上，一旦断开，将使整个电路带电。

（4）用电不谨慎

违反布线规程，在室内乱拉电线；随意加大熔断器熔体规格；在电线上或电线附近晾晒衣物；在电线杆上拴牲口；在电线（特别是高压电线）附近放风筝；使用电线在河里打鱼；不切断电源移动家用电器；打扫卫生时，用水冲洗或用湿布擦拭带电电器或线路等。

3. 安全用电常识和触电急救知识

（1）安全用电常识

① 严格遵守操作规程　安装或检修线路时，先要切断电源；进行电气设备检修和安装时，必须一人操作，一人监护，一般不准带电作业。在未判断是否带电之前，应一律视为带电；任何情况下，坚持单线操作，将开关断开或卸下白炽灯，使电路不通。在连接导线时，应先接好一根线，用电工胶布缠好，再接另一根线；不乱拉电线，室内布线要由电工统一安装，天线、通信电线要远离照明线路，保持 1.25m 以上的距离。

② 正确选用和操作家用电器　选用、使用合格的电器。电气设备包括电线、线槽（管）、开关、插头、插座等，使用一段时间后，如果出现损坏、漏电，应及时修理、更换。不应超负荷用电。正确使用三线插头、插座。凡是金属外壳的家用电器，如台扇、电冰箱、洗衣机、电饭锅、电熨斗、微波炉等，最好使用三线插头、插座，而且要加接专门的地线。不用湿手、湿布去触及或擦拭灯头、开关、插座等用电设备。不私自或请无资质的装修队及人员铺设电线和接装用电设备，安装、修理电器用具要找有资质的单位和人员。

③ 遇到触电等紧急情况，采取合适的措施　使用电器时，如果出现短路或漏电现象，应立即断开电源，停止使用电器，进行检查和修理。遇到高压电线断落在地，不可靠近，至少保持 8~10m 的距离，应立即找人看守，同时报告有关部门进行抢修。发现有人触电，应立即断开电源，或用干燥的木棍、塑料制品等绝缘良好的物体将带电体与触电者分离，积极进行抢救。

（2）触电急救知识

① 脱离电源　触电急救，首先要使触电者迅速脱离电源。脱离低压电源的主要方法如下：迅速切断电源，如拉开电源开关或闸刀开关；如果电源开关或闸刀开关距离触电者较远，可用带有绝缘柄的电工钳或有干燥木柄的斧头、铁锹等将电源线切断；如果触电者由于

肌肉痉挛，手指握紧导线不放松或导线缠绕在身上时，可首先用干燥的木板塞进触电者身下，使其与大地绝缘来隔断电源，然后再采取其他办法切断电源；导线搭落在触电者身上或是压在身下时，可用干燥的木棒、竹竿挑开导线或用干燥的绝缘绳索套拉触电者，使其脱离电源。

救护者最好一只手戴上绝缘手套或站在干燥的木板、木桌椅等绝缘物上，用另一只手拉动触电者脱离电源。

② 触电急救 触电者脱离电源后，如果出现心脏停搏、呼吸停止等危险情况，应立即进行触电急救。触电急救方法主要有人口呼吸法和胸外挤压法。

人口呼吸法适用于有心跳但无呼吸的触电者。救护口诀是：病人仰卧平地上，鼻孔朝天颈后仰，首先清理口鼻腔，然后松扣解衣裳。捏鼻吹气要适量，排气应让口鼻畅。吹二秒来停三秒，五秒一次最恰当。

胸外挤压法适用于有呼吸但无心跳的触电者。救护口诀是：病人仰卧硬地上，松开衣扣解衣裳。当胸放掌不鲁莽，中指应该对凹膛。掌根用力向下按，压下半寸至一寸（0.5～1cm）。压力轻重要适当，过分用力会压伤。慢慢压下突然放，一秒一次最恰当。

当触电者既无呼吸又无心跳时，可以采用人口呼吸法和胸外挤压法进行急救，两者交替进行。触电急救应做到"医生来前不等待，送医院途中不中断"，否则，触电者将很快死亡。

议一议

◆ 一名小学生放学回家，看到路旁有一根断落的电线，一头落在地上，另一头挂在电线杆上，电线杆上停歇着几只可爱的小鸟。出于好奇，小学生拉动电线，想驱赶小鸟，却不幸触电身亡，请说明该小学生触电身亡的原因。

◆ 联系个人实际，谈谈如何做到安全用电。

想一想

◆ 常见的触电类型有哪几种？如何避免？
◆ 常见的触电急救方法有哪些？操作时有哪些注意事项？

做一做

◆ 老式的电热水器经常发生使用者触电的情况。请查阅资料或进行调查，目前新生产的电热水器通常采取了哪些防止触电的措施？
◆ 观察周围的电路、开关、插座及用电设备，具体指出不安全、不规范的用电情况。

任务二 熟悉防止触电的保护措施

知识目标

★ 了解保护接地的意义及原理。
★ 了解保护接零的意义及原理。
★ 了解漏电保护器的作用及原理。

> **技能目标**

★ 了解保护接地和保护接零的应用场合。
★ 根据电气设备的应用特点，正确选择合适的保护措施。

> **应用目标**

★ 在日常生活中，使用电气设备时正确接线。
★ 正确选用和使用漏电保护器。

电气设备由于绝缘损坏或是安装不合理等原因出现金属外壳带电的故障称为漏电。保护接地和保护接零是避免人体触及绝缘损坏的电气设备所引起的触电事故而采取的有效措施。

1. 保护接地

在电源中性点不接地的供电系统中，将电气设备的金属外壳与接地体可靠连接，称为保护接地。

进行接地连接时，将钢管、扁钢、角钢等金属导体直接埋入土壤内，与大地直接接触。一般低压系统中，接地电阻应小于 4Ω。

保护接地的原理如图 9-5 所示。接地电阻和人体电阻是并联的关系，而接地电阻的值一般较小，为 4Ω，远远小于人体电阻（800Ω），所以，一旦设备漏电，漏电电流绝大部分通过接地电阻形成回路，通过人体的电流非常微小。接地电阻越小，人体承受的电压就越小，也就越安全。

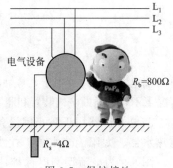

图 9-5 保护接地

2. 保护接零

在电源中性点接地的三相四线制供电系统中，将电气设备的金属外壳与电源零线相接，这种方法称为保护接零。

保护接零的原理如图 9-6 所示。当设备的金属外壳与零线相接后，若设备某相发生碰壳漏电故障，就会通过设备外壳形成相线与零线的单相短路，使该相的熔断器熔断，从而切断了故障设备的电源，确保了安全。

采用保护接零时，零线不允许断开，因此，三相四线制的电力系统中，零线回路不允许接开关、熔断器。在实际应用中，用户端往往将电源零线重复接地，以防止零线断开。

对于单相用电设备，一般采用三孔插头和三孔插座。其中一个孔为接零保护线，其对应的插头上的插脚稍长于另外两个电源插脚，其原理如图 9-7 所示。

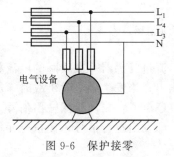

图 9-6 保护接零

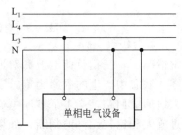

图 9-7 单相用电设备保护接零原理图

3. 漏电保护设备

漏电保护设备是防止电气设备因绝缘损坏而漏电，造成人身触电伤亡、设备烧毁及火灾事故最有效的保护装置，主要分为漏电断路器和漏电保护器两种类型，如图9-8所示。

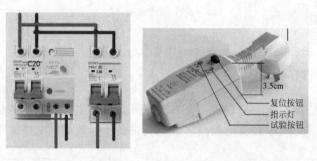

(a) DZ267L-32 漏电断路器　　(b) NLB5-16 漏电保护器

图 9-8　漏电保护设备

漏电断路器主要用于人身触电、设备漏电保护，并且有过载、短路保护功能，也可以在正常情况下不频繁通断电气装置和照明电路，尤其适用于工业、商业和家庭照明配电系统。

漏电保护器用于防止因设备绝缘损坏，产生接地故障电流而引起的火灾危险，广泛用于电热水器、太阳能热水器、饮水机等家用电器。

图9-9为电流型漏电保护器的结构示意图。图中LH为零序电流互感器，它由以坡莫合金为材料的铁芯和绕在铁芯上的二次绕组组成检测元件；电源相线和中线穿过互感器圆孔而成为零序电流互感器的一次线圈；互感器的后部出线即为保护范围。

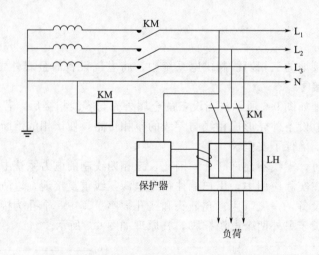

图 9-9　电流型漏电保护器的结构示意图

正常情况下，三相负荷电流和对地漏电流基本平衡，流过互感器一次线圈的电流相量和近似为零，铁芯中产生的磁通为零，零序电流互感器无输出。当发生触电时事故时，触电电流通过大地形成回路，产生了零序电流，在铁芯中产生零序磁通，二次线圈输出信号。这个信号经过放大和比较元件的判断，如果达到预定动作值，即发出执行信号，使执行元件动作跳闸，切断电源。

议一议

- 联系实际，谈谈防止触电的措施有哪些？并简单说明这些保护措施的工作原理。
- 家庭使用的电器为什么有的使用两孔插座，有的使用三孔插座？

想一想

- 保护接地就是将导线直接扔放在地上吗？具体操作时有哪些要求？
- 三孔插座应如何接线？

做一做

- 参观学校的配电间，观察变压器的接地情况。
- 观察三孔插座，区分工作接零端和保护接零端。
- 正确安装三孔插座。

任务三 熟悉节约用电常识

知识目标

★ 了解企业节约用电的基本途径。
★ 熟悉家庭节约用电的基本方法。
★ 了解节约用电新技术。

技能目标

★ 合理选用照明用具。
★ 正确使用常见的家用电器。

应用目标

★ 在日常生活中，通过正确选用和使用照明设备和家用电器，节约用电。
★ 在将来的生产实践中，正确选用和使用电气设备，适当应用新技术节约用电。

目前我国电力工业发展迅速，但是电力供应不足和用电效率低下的状况依然比较严重，所以应采取开发与节约并重的方针。节约电能，不仅可以减少电费开支，而且还可以相应降低煤炭的消耗，减少大气污染，保护环境。

1. 节约用电的途径

（1）企业节约用电的途径

① 采用科学的管理方法 加强能源管理，建立和健全管理机构和制度；实现负荷调整，提高供电能力。根据供电系统的电能供应情况及各类用户的不同用电规律，合理地、有计划

地安排和组织各类用户的用电时间，充分发挥发电设备和变电设备的能力，最大限度地满足电力负荷日益增长的需要。

② 合理使用电气设备　正确选择电动机的容量，电动机的额定功率比实际负载大10%～50%比较合适，尽量不使电动机空载运行；选用低损耗变压器，合理选择变压器的容量，提高负载的效率。

③ 提高设备用电效率　采用远红外加热干燥技术、半导体技术和电子技术等新技术；应用新的绝热保温材料；对用电设备进行技术改造；提高设备的经济运行水平，包括提高设备利用率、提高用电功率因数、正确选用变压器、电动机的容量等措施；同时，还要加强用电设备的维修，提高检修质量；加强照明管理，使用节能灯，减少非生产用电。

（2）家庭节约用电的途径

① 照明节约用电　尽可能采用发光效率高的电光源，如日光灯和新型节能灯。用节能灯替代白炽灯，可节电70%～80%，一盏14W节能灯的亮度相当于75W的白炽灯。充分利用自然光，采用合理的照明控制线路，选择合理的照明方式。

② 电视机节约用电　电视机的最亮状态比最暗状态多耗电50%～60%；音量开得越大，耗电量也越大。因此看电视时，亮度和音量应调在人感觉最佳的状态。有些电视机只要插上电源插头，显像管就预热，耗电量为6～8W；家用电器待机时，遥控开关、持续数字显示、唤醒等功能电路会保持通电，形成能耗，因此电器不使用时应切断电源。

③ 电冰箱节电　电冰箱应放置在阴凉通风处，不能靠近热源，以保证散热片散热良好。使用时，尽量减少开门次数和时间。电冰箱内的食物不要塞得太满，食物之间要留有空隙，以便冷气对流。准备食用的冷冻食物，要提前在冷藏室里慢慢解冻，这样可以降低冷藏室温度，节省电能消耗。

④ 洗衣机节电　洗衣机的耗电量取决于电动机的额定功率和使用时间的长短。电动机的额定功率是固定的，所以适当减少洗涤时间，就能节约用电。洗涤时间的长短，要根据衣物的种类和脏污程度来决定。

⑤ 电风扇节电　通常，扇叶大的电风扇，电功率就大，消耗的电能也多。同一台电风扇的最快挡与最慢挡的耗电量相差约40%。所以，常用慢速挡可减少电风扇的耗电量。

⑥ 吸尘器节电　根据不同情况选用适当的功率挡；经常清除过滤袋中的灰尘，可减少气流阻力，提高吸尘效率，减少电耗。

⑦ 电饭锅节电　保持电热盘的清洁。电热盘附着的油渍污物，时间长了会炭化成膜，影响导热性能，增加电耗。把洗好的米放在锅里浸30min，再用温水或者热水煮，能节省30%的用电量。

⑧ 电水壶节电　去除电热管的水垢，可提高加热效率，不仅省电，而且延长使用寿命。

⑨ 电熨斗节电　选购调温型电熨斗，其升温快，达到设定温度后又会恒温。熨烫衣服时，通电后可先熨耐温较低的部分，待温度升高后，再熨耐温较高的，断电后，再熨其余耐温较低的部分。

2. 节约用电新技术

（1）高效电动机

高效电动机是指通过完善设计方案、改进材料和制造技术制作的电动机，其运行过程中自身消耗的有功功率比较小，有较好的节能效果。

按照美国全国电气设备制造商协会标准（NEMA标准）规定，高效电动机要比标准电动机效率提高2%～6%，损耗下降20%～30%。

我国电动机的机组效率一般为 75%，比国外低 10%；系统运行效率为 30%～40%，比国际先进水平低 20%～30%，因此，开发和使用高效电动机有着巨大的潜力和重大的意义。

我国高效电动机的代表产品主要有 Y 系列异步电动机和 Yx 系列高效电动机。

Y 系列异步电动机的容量为 0.55～200kW，具有高效、节能、启动转矩大、噪声低、振动小、可靠性高、使用维护方便等特点，广泛应用于不含易燃、易爆或腐蚀性气体的一般场合和特殊要求的机械设备，如金属切削机床、泵、风机、运输机械、搅拌机、农业机械和食品机械等。

Yx 系列高效电动机容量为 1.5～90kW，平均效率比 Y（IP44）系列高 3% 左右，接近国际先进水平，适用于单方向运行，年工作时间在 3000h 以上，负载率大于 50% 的工作场合，节电效果显著。

（2）高效节能照明技术

我国照明用电量占总用电量的 7%～8%。在我国提出的中国绿色照明工程中，照明节电已成为节能的重要方面，照明节电就是在保证照度的前提下，推广高效节能照明器具，提高电能利用率。

LED 半导体照明具有高效低耗、安全性高、体积小、便于照明应用组合、无频闪、使用寿命长等特点，被称为第四代照明光源，成为继白炽灯、荧光灯、气体放电灯之后又一场照明光源的革命。

各国政府高度重视，相继推出半导体照明计划。预计到 2025 年，美国半导体照明光源的使用将使照明用电减少一半。我国于 2003 年 6 月由科技部牵头成立了跨部门、跨地区、跨行业的"国家半导体照明工程协调领导小组"，从 2006 年的"十一五"开始，国家将把半导体照明工程作为一个重大项目进行推动。

充分利用自然光，正确选择自然采光，也能改善工作环境，使人感到舒适，且有利于健康。另一方面，充分利用室内受光面的反射性，能有效提高光的利用率，如白色墙面的反射系数可达 70%～80%，也能起到节约电能的作用。

（3）电力电子技术

电力电子技术是研究电力电子器件，对电能进行控制、变换和传输的学科，其核心成果就是变频技术。近 20 多年来，变频技术发展迅速，已经广泛应用于生产和生活的各个领域，有着明显的节能效果。

风机和水泵在我国国民经济各部门的应用数量最多，分布最广。据有关部门统计，全国风机、水泵电动机拥有量为 3700 万台，传统的风机、水泵电动机普遍采用风挡或阀门调节风量、流量，耗电量约占全国电力消耗总量的 50%。如果应用变频技术调节风机、水泵的风量、流量，可使系统处于最佳状态，可节约电能 25%～60%。变频技术的应用效果及节能潜力如表 9-1 和表 9-2 所示。

表 9-1 变频技术的应用效果

应用效果	用途	应用方法	原有的调速方法
节能	鼓风机、泵、搅拌机、挤压机、精纺机	① 调速运行。 ② 采用工频电源恒速运行与采用变频器调速运行相结合	① 采用工频电源恒速运行。 ② 采用挡板、阀门控制。 ③ 采用机械式变速机。 ④ 采用液压联轴器
自动化	各种搬运机械	① 多台电动机以比例速度运行。 ② 联动运行，同步运行	① 采用机械式变速减速机。 ② 采用定子电压控制。 ③ 采用电磁滑差离合器控制

续表

应用效果	用途	应用方法	原有的调速方法
提高产量	机床、搬运机械、纤维机械、游梁式抽油机	①增速运行。②消除缓冲,启动停止。③对稠油降低冲次	①采用工频电源恒速运行。②采用定子电压控制。③采用带轮调速
提高设备效率	金属加工机械	采用高频电动机进行高速运行	直流发电机-电动机
减少维修(恶劣环境的对策)	纺纱机、机床的主轴传动、生产流水线、车辆传动	取代直流电动机	直流电动机
提高质量	机床、搅拌机、纤维机械、制茶机	选择无级的最佳转速运转	采用工频电源恒速运行
提高舒适性	空调机	采用压缩机调速制动,进行连续温度控制	采用工频电源的通、断控制

表 9-2 变频技术的节能潜力

项目名称	变频器的作用	需改造数量或功率	节电百分比/%	年节电量/亿 kW·h
轧机、提升机	变频器交流传动代替直流传动	320 万台	30	26
电力机车、内燃机车	变频交流代替直流	120 台电力机车	25	60
IGBT 直流励磁电源	代替晶闸管	30 万千瓦	20	3.5
无轨电车	交流变频调速或直流斩波代替电阻调速	5000 辆	30	1.0
工矿电动机车	交流变频调速或直流斩波代替电阻调速	500000 辆	30	20
风机、水泵	交流变频调速代替风门、阀门调速	3700 万台改造 10%,即 370 万台	30	51
高效节能荧光灯	逆变镇流器	5000 万台	20	30
中频感应电加热源	逆变电源	100 万台	30	9
电解电源	逆变电源	400 万千瓦	5	5.5
电焊机	逆变电源	200 万台改造 10%,即 20 万台	30	3.1
电镀电源	逆变电源	340 万千瓦	30	21.6
搅拌机、挤压机、纤维机械、抽油机、空压机、起重机	调速	2000 万千瓦	30	51.2

(4) 远红外线加热技术

远红外加热技术利用红外线的加热效应传递热量,它不需要通过中间介质而直接使被加热物的温度升高,具有效率高、加热均匀、节省能源、无污染等特点,其主要应用如表 9-3 所示。

表 9-3 远红外加热技术的主要应用

应用类型	具体应用	特　点
食品加工及处理	粮食烘干	可保证食品质量、卫生、安全
	面包、饼干、糕点的烤制	
	茶叶、蔬菜、食盐、各种水产品的脱水干燥	
药材及木材烘干	中药烘干	加热均匀，适当的温度控制，可保持中药的有效成分
	木材烘干	加热后的木材不裂不翘，质量稳定，成本低，周期短
机电行业	汽车喷漆烘烤、干燥	加热均匀，涂膜的光泽、颜色、机械强度比较好
	摩托车标记漆膜干燥	
	家用电器喷漆烘干	
	电动机、变压器壳体喷漆	
	电动机、变压器硅钢片的脱水	
	电动机、变压器绕组的油漆干燥	
纺织、印染业	原棉的处理	质量稳定，成本低，周期短
	化学纤维的热定型	
	尼龙纤维的脱水干燥	
	毛织品的漂白、染色	
金属熔炼	铜、铝的熔炼	热效率高，投资少，占地面积小，操作和维修方便
除菌	地下工程	烘干的同时可选择适当的温度杀灭霉菌
	瓶子等物品清洗后消毒、干燥	

(5) 电热膜加热技术

电热膜为新型电热材料，它是导体和半导体通过特殊工艺制造而成的，厚度一般为 0.2～4mm。在外加电场能的激发下，产生对人体有益的特定波长的红外线，并以辐射的方式传递热量，可直接涂在搪瓷、玻璃、陶瓷、塑料或经绝缘处理后的金属器皿上。由于被加热体和电热膜成为一体，因此发热面积大；电热转换效率非常高，达到 98% 以上；节能效果显著，在绝大部分电热领域替代了传统的电热丝，具有较好的发展前景。电热膜的主要应用如表 9-4 所示。

表 9-4 电热膜的主要应用

应用类型	具体设备及作用	
供暖	暖气	壁挂式暖气
		充水式暖气
		地板或天花板采暖
		写字台玻璃板
	理疗	肩、颈、关节等理疗
		足浴盆
烹饪	电炉	适合任何材质平底锅直接烧烤
	电火锅	陶瓷锅、搪瓷锅、微晶锅
	咖啡壶	煮咖啡、泡茶或煎中药
	电烤箱	食品工业烤箱或家用烤箱
热水器	热水器	厨房热水器及太阳能热水器辅助热源
	沐浴器	热式沐浴器
电热除雾	浴室镜	浴室镜除雾
	汽车风挡玻璃	汽车风挡玻璃除雾
工业	加热圈	橡胶、塑料成型机械
	热反射	工业窑炉控制室的降温

议一议

◆ 工业企业节约用电的途径有哪几种？

◆ 联系实际，谈谈家庭应如何注意节约用电。

◆ 节约用电新技术有哪些？一般用于怎样的场合？查阅有关资料，详细谈谈某一种节约用电新技术的具体应用情况。

想一想

◆ 家庭照明如何科学选择光源？

做一做

◆ 观察周围有哪些现象与节约用电的原则不符合，应如何改正？

模块九　习题解答

参考文献

[1] 林平勇，高嵩.电工电子技术：少学时 [M].4版.北京：高等教育出版社，2016.
[2] 邓允.电工电子技术及应用 [M].2版.北京：化学工业出版社，2011.
[3] 曾祥富.电工技能与实训 [M].3版.北京：高等教育出版社，2011.
[4] 李开慧.电工电子技术 [M].2版.北京：人民邮电出版社，2011.
[5] 于建华.电工电子技术 [M].2版.北京：人民邮电出版社，2011.
[6] 蔡可山.电工技术咱得这么学 [M].北京：机械工业出版社，2017.
[7] 张晶，邓立平.电机与拖动技术：实训篇 [M].5版.大连：大连理工大学出版社，2018.